蜂产品销售职业培训读本

U0673747

怎样开好蜂产品专卖店

郭业寨　郭聪冲　编著

中国林业出版社

图书在版编目（CIP）数据

怎样开好蜂产品专卖店 / 郭业寨, 郭聪冲编著.
--北京：中国林业出版社, 2016.1
ISBN 978-7-5038-8385-9

Ⅰ.①怎… Ⅱ.①郭… ②郭… Ⅲ.①蜂产品－专卖－商业
经营－经验－中国 Ⅳ.①F721.7

中国版本图书馆CIP数据核字(2016)第036399号

出　版	中国林业出版社
	(100009 北京西城区德内大街刘海胡同 7 号)
网　址	www.lycb.forestry.gov.cn
E—mail	cfybook@163.com
发　行	中国林业出版社
电　话	(010) 83143580
印　刷	北京中科印刷有限公司
版　次	2016 年 2 月第 1 版
印　次	2016 年 2 月第 1 次
开　本	850mm×1168mm　1/32
印　张	3.75　彩插 8
字　数	100 千字
定　价	12.00 元

王台王浆生产器

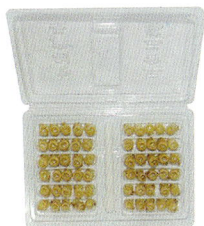

王浆产品

王浆含片　　　　　王浆胶囊　　　　王台王浆礼盒

王台王浆五步美容法图示

第一步：用取浆勺将蜡皮去掉
第二步：取出王台王浆放入手掌心
第三步：加少量温水调匀
第四步：每日2次涂抹在脸上
第五步：过10分钟后洗净　美白效果特别好

蜂胶产品

蜂胶胶囊　　　蜂胶片　　　蜂胶液　　　蜂胶软胶囊

蜂蜜产品

洋槐蜜

洋槐蜜礼盒

巢蜜

喜蜜

蜂花粉产品

茶花粉

荷花粉

油菜花粉

蜂场图片

蜜蜂生长

蜜蜂的卵

蜜蜂的幼虫

蜜蜂的蛹虫

蜜蜂的成虫

蜜蜂王国

作者简介

作者郭业寨近照　　　　作者郭聪冲近照

　　郭业寨　男，江苏省淮安市盱眙县人，1969年5月13日生，中国养蜂学会会员、淮安郭业寨王台王浆有限公司董事长、盱眙日升养蜂专业合作社理事长。从事养蜂、开蜂产品专卖店和蜂产品销售培训22年，发表论文33篇，获得国家发明专利8项，获得中国农业科学院蜜蜂研究所、中国养蜂学会主办的《中国蜂业》"我与蜜蜂的故事"家乡美作品比赛奖1项，还获得"全国农业科技创新先进个人"荣誉称号。

　　郭聪冲　女，江苏省淮安市盱眙县人，1996年2月11日生，父亲郭业寨为其取名"聪冲"，含义即"智慧行动"。擅长电子商务——互联网＋蜂产品，现为淮安郭业寨王台王浆有限公司总经理。拥有3项国家发明专利：1. 一种笼体、悬挂装置一体式王笼，专利号：ZL201220046760.2；2. 天然鲜王浆生产器，专利号：ZL201220183756.0；3. 王台王浆生产器，专利号：ZL201220269350.4。

序

我们进入了一个高度文明的现代化社会，可是眼下污染的加剧、环境的恶化、工作的快节奏、社会竞争压力的增大和生活方式的转变，严重损害了人们的身心健康，使得亚健康人群大幅度上升。这部分人群需要及时保健。而蜂产品，历经几千年的考验，以其天然的营养成分、神奇的功效，征服了一代又一代人，给人类带来了健康的福音。

如今的蜂产品专卖店，如雨后春笋般日益增多，其中有一些蜂产品专卖店因经营不善而效益不佳。《怎样开好蜂产品专卖店》一书作者郭业寨和郭聪冲，通过长期开蜂产品专卖店的实践，总结

出的一些成功经验，是您开好蜂产品专卖店的良师益友。

《怎样开好蜂产品专卖店》一书，不仅介绍了怎样开好蜂产品专卖店，还详细介绍了蜂产品知识及蜂产品偏方。该书语言简洁，通俗易懂，科学性、知识性、实用性较强，能十分及时地满足广大需求者的需要。

全国优秀农业期刊《蜜蜂杂志》社
副社长、主编

目　录

第一步
开蜂产品专卖店的必备条件

随着人们生活水平的逐步提高和保健意识的增强，蜂产品市场前景越来越被看好。在蜂产品营销这块园地里，我辛苦耕耘了20个春秋，有过不少的酸甜苦辣，但我感觉开蜂产品专卖店，在我国应该是大有可为的。这是因为，我们正步入一个文明科学、繁荣的崭新时代，追求生活品位、提高生命质量、追求健康长寿，是现代人普遍关注的重要问题。然而，污染的加剧、环境的恶化、工作的快节奏、社会竞争压力的增大和生活方式的转变，严重损害了人们的身心健康，使得亚健康的人群大幅度增加，导致了糖尿病、心脑血管疾病、癌症、高血压等多种慢性病明显增多，给家庭和个人都造成了很大的压力。今天，科技的长足发展，研究和探索的深入，使人们对蜜蜂及其产品有了更新、更全面的认识。一方面，蜜蜂通过传授花粉为人类提供了更多、更好的优质食物，维持和改善了人类赖以生存的自然环境；另一方面，蜜蜂为我们提供了丰富的天然医药保健产品——蜂蜜、王浆、蜂花粉、蜂胶等，使享用这些产品的人们获得了健康、美丽和幸福。

"说起来容易，做起来难。"开店也是一样。这么多年来我们苦心经营和知识的不断积累，又有《中国蜂业》《中国蜂产品报》《蜜蜂杂志》及蜂产品专业网站等大力帮助，才有了蜂产品经营的些许成绩。其实开店并不难，而且是完全可以做好的。

一、最好养过蜂

早在开店之前，笔者已经养蜂了，到如今已整整 22 个春秋。眼下我一边营销蜂产品，一边指导我们的盱眙日升养蜂专业合作社新成员养蜂。会养蜂，懂得蜜蜂的生物学特性、蜜蜂的四季管理及蜂产品保健知识，便能准确地回答养蜂人和蜂产品消费者的提问。不然，人家有疑问你又一问三不知，大家会对你从事的蜂业失去信心。如果开店，假如没有学过养蜂，但最起码要懂得蜂产品的来源，识别真假蜂产品，如何服用蜂产品及蜂产品有何保健功效等，这些是开店的必备基础。

那么，如何才能养好蜂呢？

（一）要重视书本知识

书本是最好的老师。凡书

作者郭业寨在老家河桥蜂场

中的知识，都是作者总结的成功经验和失败的教训。按书上的方法去做会少走弯路。在此，我推荐三本书，一本是赵宗礼的《养蜂技术指导》，另一本是杨多福的《数控养蜂法》，还有一本就是塔兰诺夫的《蜂群生物学》。这三本书系统科学地介绍了蜂群的生物学习性和四季管理方法等。由于我国幅员辽阔，南北相距较远，地理环境差距较大，所以要选择适合本地区气候条件的书籍、蜂种和科学的管理方法，用理论联系实际，不能千篇一律地照搬照做。

（二）投师学艺

养蜂关键靠技术，怎样才能在最短时间内掌握养蜂技术？笔者总结的一条经验就是在哪家购蜂，就在哪家蜂场带蜂学艺。因为养蜂技术中的许多环节，不仅要知其然，更要知其所以然。带蜂学艺不但可以进行大量直观的实际操作，更能在养蜂技师的指导下，把所购蜂群繁殖饲养好，这样可节省大量的时间，学到更多宝贵的实践经验。

另外，《中国蜂业》《蜜蜂杂志》及蜂业网站上的很多知识是养蜂人的好帮手，内容新颖，有许多先进的管理方法都能普遍应用，是我们养蜂人的良师益友。

（三）持之以恒

马克思曾说："在科学的道路上，并没有平坦大道，只有不畏艰险、努力攀登的人才有希望达到光辉的顶点。"养蜂虽然是一种轻体力劳动，对文化程度要求也不高，但不是人人都能养好的。养

蜂必须认真学习，持之以恒才能把蜂养好。养蜂之路，并非人们所想象的那般甜蜜，而是充满坎坷，甚至是苦涩的，要到达成功的彼岸就要付出时间、耐心和努力。事实上，许多养蜂者在遭受失败后，就感到理想破灭，想要改行，但是，失败只是表示尚未成功，并不代表不能成功，所以，要持之以恒，不怕困难，百折不挠，努力拼搏。一个养蜂者如果没有持之以恒的精神，在他还没有开始养蜂时，就已注定养蜂失败了。而决心要成功的养蜂者，就已经成功了一半。只要有决心，就能产生意想不到的效果。有志者千方百计，无志者千难万难。要想达到成功，往往须先经历失败，失败是成功之母，奋斗是成功之父。机遇只垂青那些顽强奋斗的人。

当然若想开店，也并不是你非要会养蜂才可以。只要你刻苦钻研蜂产品知识，恰到好处地进行宣传，踏踏实实营销蜂产品，我认为也是可以做好蜂产品销售的。相反，如果不懂装懂，又不认真学习，肯定是不能胜任这份工作的。

二、要利用好蜂产品市场信息

从事蜂产品经营，信息尤为重要，对市场的调查有赖于收集和筛选各方面的信息。从某种意义上说，经营的成功不完全取决于经济实力的雄厚，而是取决于你是否掌握了别人没有掌握的有价值的信息。商场如同战场，每种产品的行情每年每月甚至是每日都在变化，不充分掌握蜂产品市场动态，就不可能取得成功。

如今，报纸杂志网络等媒体多，各种信息量大，但为了节省更多的时间，从事某种职业，应主攻相关项目，耳闻目睹相关联的有价值的市场信息。譬如你从事蜂产品销售，你就有必要订阅《中国蜂业》《蜜蜂杂志》等，因为这些报刊上面有许多蜂产品供求信息。只要你掌握了蜂产品市场，能识别真假产品，进货时"货比三家"，看哪家信誉好，质量好，你就大胆进货，不用畏首畏尾。

在信息收集和处理上加大投资，购置电脑、传真机，在电脑里可以及时了解各个蜂产品网站，蜂产品价格趋势，有了传真机，与客户联系业务、签订合同比单纯用电话要方便得多。

记得刚做蜂产品生意时，我没有去详细了解蜂产品市场，听别人说蜂胶的价格即将日益攀升，我便盲目买了很多毛蜂胶，加工处理后，以待高价出售。一天中午，我无意间在过期的《蜜蜂杂志》上看到一篇文章《警惕蜂胶中的掺假物——白杨树芽苞》，随即我将收购来的毛胶和我蜂场的蜂胶一对比，发现有点不一样，于是我连忙乘车到有蜂胶检测设备的蜂产品厂家去化验，才发现我收来的毛胶有一半以上是假的，其中掺假物为白杨树芽苞，当时我差点气晕了。据调查，白杨树芽苞经滚压后掺在塑料纱生产的蜂胶中，可以说没有多大区别。之后我反思，还是我未及时掌握好这方面的信息。如果在未收购毛胶前，我知道这方面的"情报"，肯定要慎重对待，就不会上当受骗了。

吃一堑，长一智。这些年我销售蜂产品期间，一般情况下，顾客购买散装蜂蜜等产品，先用我们盱眙日升养蜂专业合作社生产的蜂产品，供不应求时，慎重选购别人的蜂产品，保证我们出售的每一样蜂产品质量过关。针对瞬息万变的市场行情，要去伪存真、去粗取精，所以没有出现以上的情形。市场信息使我受益匪浅，商店经营也获得长足的发展。

三、开蜂产品专卖店，重在宣传

蜂产品被国内外营养学家称之为天然的营养宝库。大量的科学实验、临床验证和人群调查证实，长期服用蜂产品可以双向调节人体新陈代谢，增强机体免疫能力，具有抗衰老、美容、防癌抗癌等多种保健功能。然而，多年来营养丰富、功能齐全的蜂产品，始终没能够在国人的心目中扎下根。究其原因：一方面是由于企业规模小，科技投入少，低水平重复；另一方面就是激烈的保健品市场

明信片宣传

竞争，一些经营非蜂产品的企业只顾眼前利益，有的商户就走街串巷，推车摆摊，低价销售，薄利经营，为了争夺消费者，他们相互压价，其结果自然而然地降低了蜂产品的档次，给外商获取高额利润创造了条件；也给一些不法经营者以造假、制假、售假的可乘之机，广大养蜂户只好捧着金饭碗讨饭吃。

王台王浆宣传册

好在如今有不少经销商（包括蜂农）在开蜂产品专卖店，面向国内保健品市场扩大内销，同时规范了经营管理。

那么开蜂产品专卖店，为何要加大宣传？怎样加强宣传呢？

据调查，许多人对蜂产品感到神秘而陌生。只知蜂蜜能配制中药，不知王浆、蜂胶为何物。可喜的是，已有不少专家为开发国内市场做出了不懈的努力。如大连市蜂产品公司早在20世纪90年代初期就瞄准国内市场，利用广播、电视、音像及印刷品广为宣传，使蜂产品家喻户晓，深入人心，大连、北京等地的蜂产品消费热潮一直长盛不衰。

随着国民生活水平的提高，返璞归真，追求天然保健食品已逐

渐成为消费趋势。作为绿色食品的蜂产品已受到消费者的青睐。眼下，各地、各网站的蜂产品店日见增多。大多数蜂产品店，以其商店包装精美、规范、齐全，注意对产品的宣传而赢得了市场。

开店卖货，就要凭吆喝、搞宣传。"好酒也怕巷子深"，而且随着经营工作的开展，宣传工作的力度要加大。搞宣传大体上应从以下几个方面入手。

（一）店内要装饰得有专业特色

这种特色会让人过目不忘。我们的蜂产品店选用由甘家铭主编、云南美术出版社出版的《蜜蜂挂图》，全套 10 幅，每幅内容分别为：甜蜜事业、蜜蜂社会、蜜蜂授粉、蜜源植物、蜜蜂产品、蜂蜜、蜂花粉、王浆、蜂胶、蜜蜂医疗。《蜜蜂挂图》以其丰富的内容、精美的图片，全面真实地展示了我国蜂业的风采。店内布置这样的宣传画，宣传蜂产品营养保健等知识很有必要。将这些图片布置在蜜蜂产品店内，醒目突出。顾客观看后，买些蜂产品，心里很踏实，同时了解到蜜蜂——人类健康之友。

（二）店内要备一些介绍蜂产品知识的科普专业书籍

譬如由李勇、胥保华编著、山东大学出版社出版的《蜂产品知识》，由许正鼎主编、科学普及出版社出版的《蜂胶的神奇疗法》，由郭芳彬编著的《花粉保健佳品及使用方法》，由刘富海主编、农村读物出版社出版的《神奇蜜蜂产品抗氧化疗法》，由韩巧菊和李

海燕主编，中国农业科学技术出版社出版的《蜂产品功效及蜂疗实践》等蜂产品科普书，可信度高，影响面大，消费者愿读。另外，挑选、准备从报刊上剪下来的剪报、复印的资料等，供顾客翻阅，特别是一些权威人士和专家的文章更有作用，这些资料比我们游说更有效。

（三）通过报纸杂志、电台、电视、网络进行宣传

向消费者讲清楚蜂产品究竟有哪些保健功效、食用方法等，扩大知名度。有了知名度，蜂产品也就有了销路。

（四）走出店门做宣传

记得刚开店那年，一开始为了宣传我们的蜂产品，我骑三轮车到扬州市区军区干休所等地宣传，同时对购买的用户发一些优惠卡，多培养一些固定客户，这样面对面直接和他们交流，介绍产品也是一个好办法。

（五）利用微信、微博、QQ 等宣传

现在越来越多的人在用微信、微博、QQ 等即时通信工具，怎样利用微信、微博、QQ 等来对蜂产品进行宣传呢？我认为，可以多加一些朋友到你的朋友圈，以便吸引更多关注你的人，刚开始发一些关于蜂产品方面有意义的小文章，积累一些人气，留点私人空间给人家，再慢慢打点小广告，切忌狂轰滥炸打广告，不然就很容

易被人家厌烦，进而删除。

总之，为了蜂产品的销路能够顺利畅通，我们要重视宣传，加大力度，想方设法开发蜂产品。

四、开蜂产品专卖店要讲诚信

诚信是任何企业应遵循的市场法则和准则。诚信是竞争取胜之本。我国古代经商、处事、待人的诚信事例，灿若繁星，如陶朱公即范蠡在灭吴后，功成身退经商，他的银库门联是"诚能生万富，信可发千祥"。先哲孔子说："人而无信，不知其可也。"是说一个人不讲信用，还能成为人吗？在几千年的商品经济中，"货真价实""童叟无欺"是人人都自觉遵守的信条。唐代诗人李白有诗曰："三杯吐然诺，五岳倒为轻。"宋朝司马光说过："丈夫一言许人，千金不易。"老实诚信，是做人的基本品德，在如今市场经济大潮中，更要发挥和保持这种道德品质。李嘉诚曾说过：我做的每一笔生意，无论大小都是把诚信放在第一位的。可见诚信是多么重要。

在我国蜂产品保健市场，信用缺失也相当突出。近年来，全国各地蜂产品专卖店、网店如雨后春笋般出现，本身是件利国利民的大好事，满足人们日益增长的崇尚自然的健康消费，蜂产品保健市场虽然发展很快，各种蜂产品琳琅满目，但同样存在不少欺诈行为，甚至存在攻击他人的不科学的宣传。

我曾遇到这样一位开蜂产品专卖店的经销商。他是一名老养

蜂员，不管蜂蜜是否酿制成熟，也不管是上午下午，有蜜就摇，反正有人买。蜂蜜浓度实在低时，便在文火加热的蜂蜜里放一定比例的绵白糖，一边加热一边搅拌，直到绵白糖溶化。他说："这样做，既增加了蜂蜜的浓度，又降低了蜂蜜销售的成本——'两全其美'。"如此这般，欺骗那些不懂买纯蜂蜜的消费者。像这些蜂产品经销商，如今大有人在。他们的良心何在？

据山东广播电视台新闻中心《早安山东》报道，在烟台莱州市区的一处桥洞下，执法人员发现一处兜售蜂蜜的小棚子，几十个陈旧的蜂箱摆放在附近，里面空无一物，但在棚内却有装满蜂蜜的6个大桶。距离这家不多远，有一家更大的养蜂户，不过，仅仅2个蜂箱里有蜜蜂。刚开始，这两家养蜂人都信誓旦旦，号称自己家的是天然蜂蜜，但在执法人员的追问下，他们交代了，他们的"蜂蜜"是2.6元进来的，这些所谓的天然蜂蜜全都是糖稀和白糖兑出来的，以每斤15～20元的价格进行销售。当天，执法人员就查出来600多斤假蜂蜜。另外，有些蜂产品专卖店什么牌子都敢挂，可以凭空挂上××蜂产品研究所，××养蜂学会的牌子经营蜂产品；有的经营者专门出售过滤后的蜂王浆，将夏秋季节生产的王浆当做春浆卖，油菜蜜当做洋槐蜜在蜂产品专卖店大摇大摆出售，为多挣一点钱，骗取消费者的信任；夸大蜂产品的医疗保健功效，把蜂产品吹成包治百病的神丹妙药。由此可见，欺骗消费者的宣传和产品质量等问题，已搞得消费者无所适从，信用缺失已成为蜂产品经营的公害，长此以往，必然出现诚信危机。

当然，诚实守信的事例也数不胜数。凡与武汉"葆春"蜂业打过交道的人，都认为他们很守信用；凡是承诺过的事都一一兑现，绝不相欺。比如有些蜂农曾经发给"葆春"的蜂蜜，没有一家随货押运、上门结算的，货到验收，立即付款，实行优质优价。如果蜂蜜质量不过硬，敢发给"葆春"吗？"葆春"不诚信，谁又敢发货？另外还有黑龙江虎林"绿都"蜂业公司、云南"白塔"蜂业公司等，都是坚持诚实守信的典范。

我们养蜂第一线的生产者，首先要守信用。从我做起，生产优质蜂产品，坚决抵制生产假冒伪劣的蜂产品，让不合格产品无市场，从而净化蜂产品市场，创建蜂业的良好秩序。

五、迎难而上，开好蜂产品专卖店

人们说，养蜂是一项甜蜜的事业，开蜂产品专卖店，更是甜上加甜。其实，准确来说，养蜂是一项充满苦涩和甜蜜的事业，开店也不例外。

难忘那年春季，我在本地开蜂产品专卖店时，将自家蜂场产的纯油菜蜜摆放柜台，散称给用户。当时我看到不少顾客高兴而来，我便用电子秤称好蜂蜜（刚产的纯油菜蜜）给他们，他们觉得价格较低，实惠得很，一个个满意而回。

可是不到半个月，一天上午，有位中年妇女将在我店买的油菜蜜带来，气愤地对我说："不能价格低，就给我假蜜，你自己看看——

这是真蜜吗？这完全是假的，白糖厚厚堆着呢，还开专卖店，要不是当地人，我就打投诉电话了。"我见状，连忙解释说："请您听我讲，这是蜂蜜的自然结晶，不是掺糖假蜜。""你还狡辩，假的就是假的。第一次相信你，现在不可能相信你。"那位顾客大声地说。我还是冷静地对她说："您可以不相信我，但您不能不相信这本刊物上说的吧？"我赶紧拿出《中国蜂业》上刊登的"蜂蜜的结晶，是正常现象吗？"拿给她看。看过她了解到：新鲜蜂蜜是黏稠的透明或半透明的胶状液体，蜂蜜是含

作者郭聪冲在蜂产品专卖店

蜂产品体验营销

有多种营养成分的葡萄糖、果糖过饱和溶液。由于葡萄糖具有容易结晶的特性，因此分离出来的蜂蜜，在较低的温度下，放置一段时间，葡萄糖就会逐渐结晶。其结晶的速度与其含有的葡萄糖结晶核、温度、水分和蜜源有关。蜂蜜中的葡萄糖结晶核非常细小，存在于花蜜中和贮存过蜂蜜的旧巢脾中。在一定条件下，蜂蜜中的葡萄糖就围绕这些细小的核长大结晶。蜂蜜中含有的结晶核越多，结晶的

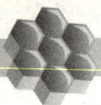

速度就越快。蜂蜜的结晶速度快慢也受温度的影响，在 13 ~ 14℃时最容易结晶。若低于此温度，由于蜂蜜的黏稠度提高，致使蜂蜜结晶迟缓；若高于此温度，则减少了溶液的过饱和程度，也使结晶变慢。因此在保存蜂蜜的过程中，要控制好温度以延缓蜂蜜结晶的过程。蜂蜜的结晶还与蜂蜜的种类、含水量有关。如刺槐蜜、枣花蜜、党参蜜等不易结晶；而油菜蜜、棉花蜜、向日葵蜜等就易于结晶。全部结晶的蜂蜜，一般含水量较低，宜长期保存不易变质。含水量多的未成熟蜂蜜，由于溶液的过饱和程度降低，结晶速度也会变慢或不能全部结晶，使结晶的葡萄糖沉于底部，其他稀薄的蜂蜜浮在上层，这种半结晶的蜂蜜其营养成分也未发生变化，就是蜂蜜含水量相应增加，因此这种蜂蜜不宜于长期保存。蜂蜜结晶是蜂蜜的一种物理现象，其化学成分、营养价值都未发生变化，更不会影响蜂蜜的质量。结晶的晶体是葡萄糖，并非蜂蜜中掺入了白糖，其实真正掺入白糖的蜂蜜不易发生结晶现象，易于结晶的蜂蜜并不影响质量。看到这儿，她才平静下来，把准备退货的油菜蜜带回了家。

那段时间，我还遇到过不少不懂"蜂蜜的结晶"的消费者，他们误解了我。当时，我确实很委屈，曾想放弃开蜂产品专卖店，是《中国蜂业》给了我很大的帮助。

不仅仅是"蜂蜜的结晶"，还有的客户买了我店的鲜王浆，回去服用后，说我店的王浆为啥不甜还有酸味……针对他们不懂真的纯鲜蜂产品的特性，我就用《中国蜂业》上的知识向他们详细地说明。"功夫不负有心人。"作为消费者，他们还是讲道理的，后来他们懂

得了这些蜂产品知识，有的还对我说："对不起，误解你了。"我回答："没关系，只要大家认可我店真的蜂产品就行了。"

可以说，没有《中国蜂业》的大力帮助，我是不可能度过那段难关，走到生意红火的今天的。"开蜂产品专卖店，前途是光明的，道路是曲折的；要持之以恒，迎难而上，不能半途而废，成功一定会属于你。"这是我想对广大开店的朋友说的一句诚恳勉励的话。

六、谈蜂产品专卖店销售技巧

（一）会讲普通话

销售蜂产品必须靠语言交流。因此，我对顾客只讲普通话，不讲方言。不然，别人不能听懂你所说的话，双方语言无法沟通。譬如，蜂产品有何主要保健功能，我用普通话讲述——蜂蜜具有止咳润肺、去火通便等保健作用；蜂花粉是前列腺疾病的克星、美容养颜的灵丹妙药；蜂胶可有效调节血脂、血糖，也是治胃肠炎的良药；蜂王浆具有增强免疫力、防癌抗癌等神奇功效。顾客对于我简明扼要的叙述，很容易听懂、接受，他们便愿意买我店的蜂产品。

（二）了解顾客的心理

销售蜂产品，一定要深入调查顾客的心理，看他们知不知道蜂产品的保健知识，对美容养颜注不注重，对产品价格、质量的看法，然后寻求对策，通过电台、电视台、报纸杂志、网络等媒体，搞搞

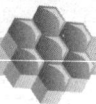

宣传，有的放矢去做销售，会让更多的人了解蜂产品，从而让消费者对专卖店的蜂产品产生购买欲。

（三）应懂点医学知识

一个优秀的蜂产品销售员，除了要懂专业知识外，还应懂点医学常识，当好蜂产品保健医生。有一次，我出差到外地，见一家蜂产品实体店，于是走进去看看。当时，店员正在和一位老年顾客谈前列腺疾病。这位营业员说："前列腺疾病是中老年男女常见病、多发病，很难治，小年轻容易得前列腺增生，吃花粉就能除根……"我当时听了，真为这位营业员感到脸红（其实，蜂花粉的确是前列腺疾病的克星，对慢性前列腺炎、前列腺增生、前列腺功能紊乱等疾病有显著的治疗效果。国内外利用蜂花粉研制生产的前列康片、前列腺维他、西尔尼通片等药物，都是治疗前列腺类疾病的理想药物。前列腺疾病是男科常见病、多发病，青年人容易患前列腺炎，老年人易患前列腺增生）。没说几句，那位大爷立即走了。我想这位营业员胡吹，大爷不想再听了，哪里还谈得上去购买。不懂医学常识还瞎说，真让人啼笑皆非，让人心痛。随后我到另一家蜂产品实体店，那位营业员向顾客介绍蜂产品有关医学知识时，说得头头是道，消费者很乐意在店里买蜂产品。懂点医学，这也是蜂产品销售技巧的一个方面。

（四）要和蔼可亲

在买卖时，店员与顾客之间的礼节、态度、表情等是至关重要的。

人们常说"和气生财"。有礼貌、微笑服务,能产生意想不到的好的效果。但事实上,有的营业员常为几元钱斤斤计较而吵得面红耳赤,让消费者产生反感,下次不买你的产品。和气热情地对待顾客,他们也理解你、信任你,即使因为几元钱而和你讨价还价,若你能说得有理,热情客气,和蔼可亲,顾客会心甘情愿多掏出几元钱给你;若顾客不给你这几元钱,你也不要生气,哪怕这次少赚或不赚钱(但你说明了,这样的价格下次是不能卖的),顾客下次来购买这件商品时不会再和你斤斤计较。这样会多培养一些老客户,对你开店大有裨益。

（五）严把质量关

"质量是开店的生命。"我的蜂产品店在产品源头乃至销售等一系列过程中,严把质量关,实施全面质量管理——从蜂场来的初成品到生产、加工、销售等各个环节落实责任、层层把关,对于质量差的、过期的蜂产品,我店绝不卖给用户。为了顾客能买到价廉物美的放心蜂产品,我们进行科学管理、保证质量、树立形象、促进发展、以人为本,从而打开了市场,同时做好售后服务。这样,我店获得了良好的社会效益和经济效益。

七、谈蜂产品微信营销

随着移动互联网的发展、智能手机的普及,微信作为一种便捷的通信工具,被越来越多的人所使用。微信营销在帮助人们实现创

业梦想的同时，也更加方便人们的生活。

最近，有许多微信朋友问我关于微营销的心得体会，在这里，我想将自己做微营销蜂产品的经历总结一下，供微友们参考。

微信是一个很好的营销平台，刚开始要多加好友，特别是你的目标人群；若有微友主动加你，则更好。好友多了，你发出的内容，才有更多的人来关注。

蜂产品微营销，好产品至关重要。产品不要太杂，越专业越好。要把自己的微信平台打造成一个像专卖店一样的商店，而不是做成一个大杂铺，这样才能让大家记住你。

产品是消费者满足自身需求和欲望的东西，离开好的蜂产品，

作者郭聪冲利用"互联网＋蜂产品"销售

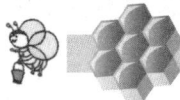

任何方法策略都是空谈。在如今同质化竞争激烈的时代，消费者的个性化需求显得尤为重要。越来越多的消费者，要求产品要根据他们的需求而定做。譬如，我公司推出的喜蜜产品，不仅质量好，而且有其独特性、时尚性。在喜宴上，喜糖吃多见多了，人们想换个花样，于是喜糖的替代品喜蜜应运而生，受到了更多人的关注与青睐。特别是，在喜蜜上系上红绸，并扎上红纱，还可根据需要，放上新郎新娘的婚纱照，在结婚喜宴上给亲友送上，不仅寓意"甜甜蜜蜜"，还有益健康。

微信宣传

王台王浆是我公司采用自行研发的专利技术而生产出来的好产品，它天然、活性，让天然鲜王浆的神奇保健功效得以充分体现，可避免消费者买到"过滤货"和劣质王浆。

只有好产品才能被消费者所接受，消费者认可了，他们便会主动传播。因此，微信要想做好蜂产品销售，就必须要提升产品本身的质量，做到人无我有、人有我优，这样才能把好的蜂产品的价值带给广大消费者。

微信推送的内容很重要，推送的内容里面要加上自己的微信二

维码或联系方式。内容好，不仅会有人转发分享，让更多的微友们知道你，还会直接影响到客户的购买欲望。微信要靠文字打动人，如果只发图片，不能准确用文字表达，那么你根本无法打动别人。好的蜂产品，是需要会说话的文字去支撑它，这样才有生命力。所以，做微营销需要有一定的文字功底，假如你的文章写得不是很好，至少你要把产品描述清楚，让消费者明白。

微信平台，你要展现你的真实一面给你的微友，可以写写自己真实的故事和生活感悟，这样会让人感觉很亲切。尽量主动跟微友多交流，聊生活聊事业。如果别人找你交流，你就是再忙都要及时回复，不要错过任何一个和你交流的微友。不管对方是评论还是询问，你都要认真对待。多花时间培养微友，多互动，建立友情。因为情感是托起微营销蜂产品的基石，自始至终的情感运作才能打开顾客的"心灵之门"，让朋友完全毫无意识地沉浸之中。用生动的文字和图片，吸引微友的关注，除在门店提供蜂产品体验外，还要通过微信等移动平台，与他们建立联系，来影响和触动他们心灵深处的琴弦，从而使你的蜂产品在他们心目中形成独一无二的情感个体，让对方慢慢熟悉你，然后对你产生兴趣和信任感。有了信任感，销售蜂产品就变得容易多了。

要做好售后服务。因为售后的重要性比售前更大，它直接影响着每一个回头客的再次消费。在微营销过程中，绝大部分顾客是讲道理的，当然不排除极小部分蛮不讲理的。如果遇到这样的顾客，千万不要与顾客发生争吵，先要求顾客拍图，提供证据图片，拍图

后结合实际情况，属于商品本身质量问题的，按照退换货流程及时处理；不属于商品质量的，跟顾客合理解释，告诉对方不属于质量问题，不影响正常使用，如果顾客实在不喜欢，也可以退货退款，不过要顾客自己承担来回运费。

在微营销中，人人是卖家，人人是买家。要把自己当做一个消费者，需要的产品也要到对方那里去买，自己参与进去，互相照顾。

坚持很重要，其实这不仅仅是蜂产品微营销需要的，不管做哪个行业，我相信都不是那么容易做的，开始阶段常没有什么效果，但是你既然选择了，就不要放弃，一步一个脚印地坚持下去。因为只有持之以恒坚持下去，才有希望实现自己心中的梦想。

八、怎样识别真假蜂产品

在开蜂产品店的过程中，有些消费者对蜂产品缺乏认识，还存在着很多识别真假蜂产品的误区。为了帮助消费者正确认识蜂产品，提高鉴别能力，我常常把自己掌握的有关知识向顾客介绍，很受他们的欢迎。

（一）蜂蜜

看：因品种之异，蜂蜜有结晶与不结晶之分。不结晶的蜂蜜常年保持液态，只在气温低时变稠而已。蜂蜜结晶是一种正常的自然现象。结晶蜂蜜则有较多结晶粒析出。掺有淀粉的蜂蜜，显得浑浊不清，

透明度极差；掺有蔗糖的蜂蜜色泽浅淡、没有光泽，甚至在瓶壁或瓶底有未溶化的糖料或糖块。蜂蜜颜色不同，但以颜色浅淡、光泽油亮、透明度好为最佳。当倾斜装蜜的瓶子时，流动快的为不成熟蜜，流动慢的则为成熟蜜。用一根筷子或玻璃棒插入蜂蜜中，然后提起，向下流速度慢、拉丝，而且断丝后回缩的为成熟蜜，反之则为不成熟蜜。如果在流动时出现起伏波动或有颗粒，则说明掺有异物。

闻：纯正单一的蜂蜜，多与其花气味相同，如发酵变质，便有一股发酵味或酒精味；如掺入过多的白糖或淀粉，便失去花蜜特有的香气。

尝：蜂蜜的味道包括口感、喉感和余味。纯正的蜂蜜味甜，有蜂蜜特有的香味，且口感绵软细腻，喉感略带麻辣感，后味悠长，给人一种芳香甜润的感觉，或有极轻微的淡酸味；唯有掺入蔗糖的蜂蜜，虽有甜感却不香，后味短暂；若掺入糖精，后味较长，但带有苦味；若掺入淀粉，甜味下降，香味减弱。

触：取少许蜜样置于拇指与食指间搓压捻磨，如果是自然结晶，手感细腻，并很快搓化结晶粒；若是掺糖"结晶蜜"，手感粗糙，结晶粒难以溶化。

（二）王浆

看：在自然光下观察，优质的新鲜王浆为乳白色或浅淡黄色，有光泽感，色亮似玉，上下均匀一致。如缺乏光泽，色发暗，浑浊，呈灰、棕、蓝或粉红色，则质已变。如特白、特亮或苍白色，则质不纯。刚采收的王浆色泽最浅，光泽最好；常温下放置的时间延长，色泽逐渐变深，光泽度逐渐降低，新鲜度随之下降。

闻：新鲜王浆有浓而纯正的芳香气，即略带花蜜香和辛辣气。生产王浆时，受蜜源植物花种的影响，王浆也略有不同的气味。气味纯正，无腐败、发酵、发臭等异味，香气越浓，品质越好。如发现王浆有牛奶味、蜜糖味或腐败变酸等其他刺激性异味，则说明王浆质量有问题。

尝：取少许王浆用舌尖细细品尝，品质优良的鲜王浆，迟迟才能感到刺舌的酸、涩、辣味，味较平淡，回味略甜。如王浆接触舌尖后，立即有股冲鼻、酸辣强烈的刺激味，则质量低下。若太酸、味苦或腐败味，则质已变，若太甜、有异味或口感粗糙则质不纯。

捻：取少许王浆用拇指和食指细细捻磨，鲜王浆应有细腻和黏滑的手感，如手捻时有粗糙或硬砂粒感觉，说明掺有玉米面等淀粉类物质；冷冻的王浆，由于王浆中的重要成分王浆酸易结晶析出，所以手捻时可感到有细小的结晶粒，但能捻化结晶。

（三）蜂花粉

看：通常蜂花粉呈不规则的扁圆形团粒状，并带有采集工蜂后足嵌入花粉的痕迹。质量好的蜂花粉应是团粒整齐，大小基本一致，没有霉变、虫蛀或鼠咬损坏的迹象。伪造的蜂花粉，团粒大小不一，无工蜂后足嵌入痕迹。蜂花粉质量比较好的单一品种，固有的颜色应基本均匀一致。蜂花粉从浅到深各种颜色都有，但大多数为黄、浅黄、橘黄、浅褐和灰白色等，也有少数褐色、灰色、黑色等多种

颜色蜂花粉。如常见的蜂花粉中，油菜花粉为黄色，玉米花粉、高粱花粉为淡黄色；向日葵花粉为橙黄色；紫云英、茶树花粉为橘红色；荞麦花粉为灰绿色；芝麻花粉为白色；党参花粉为淡粉色；蒲公英花粉、乌桕花粉为深黄色等等。

闻：新鲜蜂花粉有明显的单一花种清香气味，霉变的或受污染的蜂花粉无香气味，甚至有难闻的气味或异味。伪造的蜂花粉无浓郁香气。

尝：取蜂花粉少许放入口中，细细品味。新鲜蜂花粉的味道辛香，多带苦味，余味涩，略带甜味。蜂花粉的味道受粉源植物花种的影响差别较大，有的蜂花粉很苦；有的很甜；个别的还有麻、辣、酸感。伪造的蜂花粉无辛香味道。

捻：新鲜蜂花粉含水量较高，手捻易碎、细腻、无泥沙颗粒感。若手捻时有粗糙或硬砂粒感觉，说明蜂花粉中泥沙等杂质含量较大。干燥好的蜂花粉团，用手指捻捏不软、有坚硬感。如用手指捻捏即碎的蜂花粉，说明没有干燥处理好，含水量较高，也有可能是因受潮发霉而引起的变质。

（四）蜂胶

看：将蜂胶拿到阳光充足的地方，观察其状态结构、色泽和杂质。蜂胶在常温下呈不透明的固体团块状或碎渣状。优等蜂胶表面光滑，折断面结构紧密，呈黑大理石花纹状，棕黄或棕红色等，有光泽，无明显杂质；品质较优的蜂胶表面光滑不粗糙，折断面结构紧密不一，呈砂粒状，棕褐色带青绿色，光泽较差，无明显杂质；质量差的蜂胶表面及折断面结构粗糙，有明显蜂体肢节、木屑麻丝和其他夹杂物等杂质，颜色灰褐，无光泽。蜂胶少数色深与黑色相近，若选购时色泽特殊者应谨慎，最好作化学分析鉴定。

闻：打开蜂胶块，立即嗅其气味，纯蜂胶有令人喜爱的芳香气味。取少量样品置于玻璃板上点燃，蜂胶燃烧时能够散发树脂乳香气味。

尝：蜂胶口尝味苦，略带辛辣味，若有松香味或恶臭味等应作化学分析鉴定。

捻：蜂胶有黏性，通常在气温20～40℃时胶块变软，在20℃以下胶块变硬、脆。优等品蜂胶用手捻搓质地较软，质量差的蜂胶捻搓较硬。

蜂胶是风靡世界的新兴保健食品。蜂胶产品保健功能明确，保健功效显著，受到广大消费者的普遍欢迎。由于天然蜂胶不能直接食用，消费者购买的是通过加工的蜂胶产品。蜂胶加工专业性很强，工艺复杂，技术难度高，卫生条件要求严格，产品质量差别也大，选购时应注意以下几点：

1. 认真查看产品批准文号。蜂胶在中国历史上无食用习惯，不具备食品的特征，卫生部已将其列入保健食品原料名单。以蜂胶为原料加工的产品，需经权威机构进行产品的安全性、稳定性、有效性检验、试验（必要的动物试验和人体临床）和专家评审后，报国家食品药品监督管理总局审批合格后发给《保健食品批准证书》，方可进行生产和销售。进口的蜂胶产品，经国家食品药品监督管理总局审查合格后，

发给《进口保健食品批准证书》。无论是进口产品还是国产蜂胶产品，凡是经卫生部审查合格的，都在包装上标注有中华人民共和国国家食品药品监督管理总局批准文号和规定的保健食品标志。

2. 对功效和剂型的选择。蜂胶的主要保健功能有：免疫调节、改善睡眠、改善胃肠道功能、调节血脂、血糖、保肝护肝、抑制肿瘤等，其中免疫调节是蜂胶的基础保健功能。免疫功能是健康的基础，免疫功能失调时机体的抗感染能力低，识别和清除自身衰老损伤的组织细胞的能力低，降低杀伤和清除异常突变细胞在体内生长的能力，导致人体生理功能紊乱，降低抗病力与自愈力。科学研究证明，几乎所有疾病的发生与发展，都与自身免疫功能状态有关，而任何疾病的痊愈，都是自身免疫调节的结果。消费者在选购蜂胶产品时，要根据自身体质的具体情况，选购注明具有相应保健功能的产品。

目前市场上的蜂胶产品有液体和固体两种，其中液体的消费量大，用量小，见效快，成为世界蜂胶产品市场上的代表性剂型。固体蜂胶产品，如蜂胶片、胶囊等，体积小、重量轻、口感平和、携带方便。消费者可以根据自己的购买目的和习惯爱好，选择适宜自己的剂型。

3. 消费者在选购蜂胶产品时，可以要求售货员当面进行稀释冲饮试验。高品质的液体蜂胶产品，用温开水稀释冲饮时，应具有蜂胶特有的清香气味，颜色金黄透亮（蜂胶中功效成分总黄酮的颜色），口感微显麻辣涩苦，入口清爽新奇。

4. 要注意生产企业的资质，选择蜂胶专业企业、全国优秀骨干企业的产品，质量稳定可靠，售后服务有保障；要注意生产日期和

保质期，不要购买过期的产品；要注意包装上标注的产品功效成分含量，相同剂型产品的功效成分高，保健功能更好；功效成分含量是产品定价的依据，消费者应理智选择功效成分含量高的产品；还要注意生产厂家的地址、电话、网址等，以便查询。

九、蜂产品美容效果好

在开蜂产品专卖店期间，我深深体会到蜂产品既能保健又能美容，是纯天然的绿色产品。许多顾客购买我店蜂产品，服用一段时间后，面部皱纹明显减少了，雀斑、黄褐斑、蝴蝶斑等消失了，肤色红润。结合蜂产品保健美容知识和相关事例，我想与广大消费者谈一谈如何用蜂产品来美容养颜，它有哪些好的效果。

中国有句老话叫"吃在脸上"，讲的是饮食营养与美容、保健的关系。美几乎是每个女人毕生追求的目标。它不是靠厚重的脂粉堆出来的假面人，而是由内而外散发出来的健康和美丽，它来源于健康的身体内部。蜂产品对美的营造是从两方面来表达的：一是营养肌肤，使肌肤白皙、细嫩、光滑；二是改善肌肤，祛除肌肤上的瑕疵。

真正的美来源于健康的机体，蜂胶美容法就是通过周身调理和局部养治两者相结合，使肌体健康，从根本上让人美丽。蜂胶美容法使女性在不使用化妆品时，也能展示出美来，令面色红润有光泽，皮肤细腻有弹性，目光炯炯有神气，头发青黛有光亮。

皮肤与内脏功能有密切关系，皮肤微循环障碍、营养不良、体

内毒素、便秘等，都会反映在面部皮肤上，它们都是美容的大敌，很容易使皮肤粗糙，出现褐斑、粉刺，表现苍老。

服用蜂胶，不仅可以排除毒素、净化血液、改善微循环，还能分解色素，补充营养，滋润皮肤，并可使毒素、粉刺、褐斑在不知不觉中变淡，甚至消失。

许多患者为治疗胃病、高血脂、糖尿病等疾病而服用蜂胶产品，在服用一段时间后发现，自己手上的褐斑明显减少、变淡，气色非常好。以前比较粗糙的指甲也变得红润、光滑。

蜂胶是一种成分复杂的天然产品，具有很强的抗氧化作用及强化免疫作用，蜂胶在阻止脂质过氧化、减少色素沉积、活化细胞、延缓衰老上会更胜一筹。

蜂胶治疗粉刺、减少褐斑、雀斑，不仅口服有效，而且外用也有效果。每天早晚，在化妆品中加入 1～2 滴蜂胶液涂在脸上和手上，然后再进行适当的按摩，就可以发挥很好的美容效果。一般坚持使用一个月后，脸部斑点将会逐步变淡，面部充满光泽，脸色红润。

花粉是美容之源。正如法国花粉学家卡亚所说：花粉是美容真正的灵丹妙药。日本美容专家也宣称：梳妆台前百次，不如用一次花粉。花粉具有丰富的营养物质，其中大量维生素，尤其是 B 族维生素，对维护肌肤的健康与美丽可起直接作用。把花粉和蜂蜜以 1：2 的比例混合，用水冲服，不定时饮用，可促进皮肤的新陈代谢，使皮肤光泽、红润、有弹性、可消除由各种原因引起的黄褐斑、妊娠斑、老年斑等，减少色素沉着；可迅速促进能量的释放，消除多

余脂肪，达到减肥、保持身体健康苗条的目的。

蜂花粉外用效果也很好。每日早晚先用温水洗脸后，再将蜂花粉（20 克）与鸡蛋清（1 个）混合液涂于面部，可滋润皮肤、增白祛斑、减少皱纹。

蜂蜜不仅是医家良药，而且是美容佳品。1700 年前，我国已开始将蜂蜜用于护肤美容，晋代郭璞《蜜蜂赋》中记载"灵娥御之（蜂蜜）以艳颜"，即指晋代女子直接用天然蜂蜜抹面。古希腊妇女用蜂蜜在脸上搽抹作为化妆用品，据说希腊女子肌肤柔丽、容颜娇妍与此密不可分。

现代研究表明，蜂蜜对美容具有良好效果，是因为蜂蜜中的葡萄糖、果糖、蛋白质、多种维生素、多种氨基酸、微量元素和酶类等护肤成分，作用于表皮和真皮，为细胞提供养分，促进它们分裂、生长，对促进老年性皮肤改善，减少色素沉着，防止皮肤干燥和滋润皮肤都有良好的作用。此外，便秘是美容的大敌，大便不通，大便中的毒液被血液吸收，会严重影响皮肤的生理机能，使皮肤失去光泽和弹性，加速皮肤老化，成为皱纹和皮肤斑疹形成的原因。而蜂蜜是通便剂，能很好地解决这个问题；失眠也是美容的大敌，睡眠不足，可使血液循环减慢，造成眼圈发黑，内分泌失调，使皮肤的光泽度减弱，变得苍白、暗淡，无血色。蜂蜜中的葡萄糖、维生素、磷、钙等物质能滋养、调节神经系统，从而起到促进睡眠的作用，可收到治疗失眠和养颜美容的双重功效。蜂蜜还有抑菌作用，能避免面部皮肤感染病菌和消除皮肤发炎等。蜂蜜的美容效果是蜂蜜中

各种营养成分和功能因子综合作用的结果。在当今回归自然的美容新潮中，既能美容又能保健的蜂蜜，无疑是理想的天然美容剂。

用王浆来美容，具有"秀外必先养内"的作用，尤其对于皮肤的美白效果最令人惊喜。据深圳市人民医院曾广灵的报道，把王浆1～2克或王台王浆1～2粒置于手掌中，再加少量温水调匀后，涂抹在脸上，不仅能使面部皮肤光泽，而且增白效果好。经常服用蜂王浆可使皮肤柔软、富有弹性、推迟皮肤老化、减少色素的形成。如果每天早晚空腹服用两次蜂王浆，每次5～10克或王台王浆3～5粒，坚持两个月以后，就会精力充沛、身体健康，而且使脸部皮肤红润、细腻、白皙、粉嫩，头发黑亮还能去除皮肤上的瑕疵（包括皮炎、疣、斑、痤疮等）。

这里我还想说一个真实的故事。有一年夏天，我的大女儿郭聪冲才七岁，我正在养蜂场吃午饭，她不小心被滚烫的开水从头顶浇到左脸部，当时她疼得哭了起来，之后脸上起了水泡。怎么办呢？我想起用王台王浆和蜂蜜来试试，因为王台王浆和蜂蜜具有杀菌消炎、治疗烫伤的功效。但用后，我还是担心大女儿长大后，左脸部会留下疤痕。不管怎样，我还是坚持每天3次用王台王浆和蜂蜜涂抹。最令我头痛的是，她晚上睡觉时翻身，翻身时脸上被烫的部位会贴在凉席上。我只有悉心照料，实在困了就打个盹。一周后，她左脸部烫伤的地方开始结痂。我又连续用王台王浆和蜂蜜涂抹一段时间，女儿不久就好了起来。说来还真是神奇，她长大后，左脸部和右脸部位皮肤完全一样，根本没留下一丝疤痕。我从心里感谢蜂产品，感

谢小蜜蜂。打那以后，我经常会对别人说，还是蜂产品美容效果好。

总之，我在开蜂产品专卖店时，抓住蜂产品在美容方面的独特作用，和广大顾客（包括美容院、美发屋以及医院的美容整形专科人员）合作，宣传蜂产品内服，可消除黄褐斑等，外用可作为面膜，也可治疗创伤、烧伤等。蜂产品所创造出来的健康美丽，自然真实、历久弥新、魅力无穷。

十、真正有效，才是硬道理

近年来，随着社会经济的高速发展和人们生活水平的提高，人们对饮食营养的认识水平也在不断地提高，保健意识增强，防病重于治病的观念已深入人心，推动了营养保健食品的迅猛发展。保健食品的发展，在一定程度上提高了人们的健康水平，达到了增强体质、调节机能、防病治病的目的。特别是纯天然绿色保健蜂产品，在促进健康，延年益寿、美容养颜等方面显示出特有的功效，备受人们青睐，消费群体不断扩大。但在开蜂产品店实践中，我深切体会到保证蜂产品质量、实事求是宣传蜂产品、坚持使用蜂产品，才能充分发挥蜂产品保健作用，真正把健康和美丽带给消费者，这才是硬道理。

（一）质量是生命

蜂产品之所以在世界上经久不衰，就是凭自身功效立足于世。

为了保证蜂产品独特的保健作用，就要求我们养蜂第一线生产者，首先要保证质量，从我做起，牢牢把握质量关，坚决抵制生产假冒伪劣的蜂产品；开店的经销商不能受利益驱使，卖假的、过期的蜂产品，因为只有正宗优质的蜂产品，才能发挥蜂产品奇特的功效。否则就会"重演"过去的"蜂王浆口服液"——第一炮打响，又是第一个退出保健品市场，第一个衰退，为什么？道理很简单：他们丧失了对品质的追求。要切记质量就是生命。

（二）实事求是宣传

据调查，许多人对蜂产品保健功效、如何服用等蜂产品知识并不太清楚。只知蜂蜜能配制中药，不知蜂王浆、蜂胶为何物。开蜂产品专卖店，就要学会推销自己的产品，实事求是宣传。譬如蜂产品中的蜂胶是一种珍稀的天然物质，它的神奇保健功能被世界瞩目。正像有些书所讲述的那样，国内外大量临床实践也证明了，蜂胶对多种危害人体健康的疾病确实有很好的预防和治疗作用，对一些疾病的治疗堪称有立竿见影的效果。它不仅功效很好，疗效显著，而且无毒副作用，几乎是一种男女老少皆宜的产品。蜂胶以优质、纯正的原料经科学加工后，一般都可以放心食用。但不要因此将蜂胶神话，夸大它的作用和疗效。科学研究也证实，蜂胶并不是万能药，就是患同种病症的不同个体，由于其自身生理上的差异，蜂胶所发挥的作用也不尽相同。在很多情况下，蜂胶只能起辅助治疗作用。有时候，我们把蜂胶与其他药物或成分配伍，其药效或疗效会大大增强。这些都充分反映了蜂

胶保健和治病的广泛性，事实上，事物总是一分为二的，鲜美的大虾、螃蟹是许多人喜欢的海产品，对少数人来讲可能带来过敏的痛苦。蜂胶确实是种好东西，但极少数人就没有这种福分，会对蜂胶产生过敏反应，这部分人应该慎用。尤其是那些正处于严重过敏阶段的人，最好暂缓食用蜂胶。对一些过敏体质，如果开始时少量服用，然后随着身体的适应再慢慢地增加用量，也可能避免过敏的产生。此外，未满5 周岁的婴幼儿，自身消化系统不太健全，对食物应有一定选择。他们对蜂胶复杂的成分也难于接受。所以，不提倡给婴幼儿食用蜂胶产品。婴幼儿的皮肤过于柔嫩，用蜂胶治疗婴儿皮肤病时，也只能使用经过稀释的蜂胶液，否则，会对皮肤产生一定的伤害。对于 15 岁以下的儿童，使用蜂胶治疗疾病时，一般应减至大人用量的一半为好……正因为如此，我将自己掌握的蜂产品知识，实事求是地向每一位顾客宣传，所以很受他们的欢迎。

（三）坚持使用

蜂产品可长期使用，只有坚持使用，才能显现保健效果。如"三天打鱼，两天晒网"，则效果不明显。记得有一次，我遇到过这样一位女性朋友，她未用蜂胶液前，脸部有粉刺，听我介绍蜂胶液可以美容，治疗粉刺，她抱着试试看的心理，外用——每天早晚在化妆品中滴入 1 ～ 2 滴蜂胶液，涂在脸上，然后再进行适当按摩。用了一个月后，她脸上的粉刺果然好了。她在向我反馈这个好消息前，到她表姐家作客，表姐问她："你脸上原先的粉刺用什么'灵丹妙

药'治好的？""蜂胶液"。表姐又问："我脸上的雀斑，可以用蜂胶液吗？""完全可以。"随后，她表姐也开始用我店的蜂胶液，过了一段时间后，脸部雀斑不见了，脸庞美丽起来。相反，那些急于求成的顾客，特别是患有慢性病的朋友，在刚用蜂产品没几天，便想病一下子就好起来，那是不可能的。我还是耐心地对他们说："贵在坚持。"不然，欲速则不达。

十一、蜂产品的双向生理作用

在开蜂产品店过程中，我经常会遇到这样的顾客，有的问："我已经很胖了，如果吃蜂蜜等蜂产品，不是更加肥胖了吗？"还有的问："你上次说蜂胶能治腹泻，这次又说蜂胶能治便秘，这不是自相矛盾吗？"针对顾客这些问题，我回答他们："吃蜂蜜等蜂产品，不会更加肥胖。相反，肥胖症患者，还会起到减肥效果；蜂胶既可治疗腹泻，又可治疗便秘。蜜蜂产品对人体起着多种生理作用，其中有些作用在某种程度上是相互矛盾的。我们说是蜂产品的双向生理作用。"他们不相信，我便拿出有关专业书籍，向他们解释。

通常人们误认为蜂蜜口味甜，食用后易导致发胖，其实蜂蜜的主要成分是葡萄糖、果糖、维生素、蛋白质、氨基酸、矿物质等，它所含的糖为单糖，不同于蔗糖，蔗糖是一种双糖，需经蔗糖酶分解成单糖——葡萄糖、果糖，才能被人体吸收转化。所以，食用过多的蔗糖易在体内累积而导致发胖，同时给胃肠增加负担。而蜂蜜是一种天然的营养剂，它包含可以燃烧人体能量的糖分，就可以避免脂肪在人体中积聚下来。蜂蜜具有优良的杀菌与解毒效果，它有助于把体内积聚下来的废物排出体外，使全身的新陈代谢功能得到改善，使体内多余的脂肪可以作为能量而燃烧。蜂产品通过调节内分泌，调节体内激素水平平衡，使组织贮存和利用脂肪达到一定平衡。如果是对肥胖症患者，蜂产品又能把这种平衡调节为另一种平衡，多余脂肪通过转化为能量而被利用，达到减肥目的。

蜂胶在治疗腹泻方面有非常好的作用，主要针对的是各种病原微生物引起的疾病或各种炎症。如慢性细菌性痢疾、阿米巴痢疾、肠炎、胃炎等。大量临床实践证明，蜂胶治疗急慢性胃肠炎、痢疾等消化道疾病，效果迅速、显著，同时还不会造成人体消化道寄生菌群比例失调。此外，蜂胶还可治疗便秘。

据俄罗斯学者研究报道，在蜂胶液进入被阻塞的肠管时，蜂胶会直接对支配肠道的神经产生作用，可以增强肠道的收缩力，缩短肠道收缩周期，促进肠道蠕动，并能使肠内压增高，进而使肠道排便顺畅。

蜂王浆对血压有双向调节作用，能使高血压降低，低血压升高，使之恢复正常。据医学工作者李楚銮研究，蜂王浆对高血压、低血压都有一定的治疗效果，特别是对低血压症效果特别显著。

另外，蜂产品还有抗过敏与致敏、促进免疫抑制等双向作用。我用专业书籍上的有关知识向顾客说明，因而他们才相信蜂产品的双向生理作用。他们服用后，确实有良好的保健治疗效果，于是他

们更加喜欢食用蜂产品。

十二、蜂产品保健误区诠释

蜂产品来自大自然，具有天然的色、香、味、形和天然活性物质，用于保健和医疗，是医食同一、食药同源、食药兼优的特殊物质。

随着近年来蜂业的迅猛发展，开蜂产品店让更多的消费者对蜂产品的认识逐步加深，但在食用过程中，仍存在认识上的误区和不必要的担心，现就下面常见的一些问题作诠释。

（一）食蜂蜜不易导致糖尿病

人们通常认为食用蜂蜜后易造成糖尿病或使血糖升高，其实这种观点有些偏颇。据闵杏枝等介绍，只要血糖稳定，在医生的指导下，还是可以适当地服用蜂蜜。由于蜂蜜的主要成分是葡萄糖、果糖，易被人体吸收且比例非常合适。相对而言，人体对葡萄糖吸收比果糖快，因此食用蜂蜜后，其中葡萄糖迅速被吸收，而果糖吸收较慢，从而起到维持血糖平衡的作用，不易造成糖尿病的发生。而平时所指的蔗糖不易被人体直接吸收，容易导致血糖过高，若肥胖病人食蔗糖过量，就会使胰岛素代谢失常，故易引起糖尿病的发生。

（二）炎热夏季仍可服王浆

在蜂王浆医疗保健实践中，不少消费者都认为炎热夏季不宜服

用王浆。据湖北黄冈市农业局蜂学专家郭芳彬近 4 年的王浆消费统计，在气温较高的 6 ~ 8 月，月平均消费量仅占全年消费量的 5.4%，而其他 9 个月月平均消费量占全年消费量的 9.3%，其中 10 月份高达 15.1%，炎夏消费王浆的水平要明显低于其他季节。我们蜂产品专卖店的很多朋友也反映炎夏为淡季，这与夏季不宜进补的传统观念密切相关。那么，炎夏能否服用王浆呢？中医营养学认为，食物可分为热性、温性、平性、寒性四类，属平性的王浆等食物，不论身体发热还是畏寒，都可以进补，长期坚持可使体内阴阳平衡，不生疾病。现代医学研究同样证明炎夏可以服用王浆。北京医学院药理教研组等单位所进行的动物实验表明，在耐受高温的试验中，给小鼠腹腔注射王浆，每只每日 10 毫克，10 日后，能显著提高小鼠耐受高温的能力，使小鼠在 40℃高温下的生存时间显著长于对照组，显示出具有抗热能力和适应能力。在临床上同样显示炎夏服用王浆是有好处的。性味甘、酸、平、有滋补、强壮、益肝功效，并能清热解毒，利大小便，炎夏坚持服用王浆，特别是体虚和处于亚健康状态的人，会收到睡眠好、食欲旺、精神佳、免疫力提高、抗热抗病力增强的效果。

（三）儿童能否服用王浆

儿童是否能服用王浆，要根据儿童的具体情况来分析确定，既不能说儿童一律不能服王浆，也不能说所有儿童都能服王浆。凡生长发育正常、身体健康、营养状况良好的儿童，没有必要再服王浆等滋补品，只要做到饮食营养均衡就可以了。但国内外的实践证明，

凡生长发育和营养不良的儿童服用王浆都有良好的效果，对婴幼儿营养不良并发症患者尤为有效。如体质衰弱的儿童易患伤风感冒、少食、口腔炎、气喘、扁桃腺炎、精神脆弱等症，服用王浆一周后，病体就会有明显的改善，使症状减少或消失，食欲增加，面色好转。意大利普罗斯派里等早在 1956 年就证实了用王浆治疗婴幼儿发育不良的效果，他们通过对 42 例发育不良患儿（5 例早产的新生婴儿和 37 例体弱多病的较大婴幼儿）服用王浆，结果很快使患儿血红蛋白增加，血浆白蛋白恢复正常，肌肉充实，体重增加。北京友谊医院儿科对虚弱婴儿服用王浆，发现与对照组有明显差异，表现在头发由少而黄变为多而黑，大便由不成形变成形，脸色苍白变红润；对缺铁性贫血的儿童服用王浆，也收到了理想的治疗效果。上海第一医学院儿科医院曾对 20 例小儿传染性肝炎实行多种方法治疗和观察对比，结果发现服用王浆的治疗效果最好，而且无任何副作用。广西柳州市中医院梁洪德医生对 275 例遗尿症患儿服用王浆，结果治愈 246 例，有效 18 例，无效 11 例，总有效率达 96%。总之，王浆对病态儿童和生长停滞儿童有良好的作用，尤其是对那些患有可恢复性新陈代谢紊乱以及因感染所致全身营养不良的儿童，效果最好。

（四）治疗腹泻与便秘

据俄罗斯学者研究发现，蜂胶进入肠道里，会直接对支配肠道的神经起作用，能增强肠道的收缩力，促进肠道蠕动，杀灭肠道内的有害菌，恢复肠道机能，使肠道顺畅。另外，蜂胶的抗菌、消除

毒素的能力，对腹泻也非常有效，一般服用 2～3 次后，腹泻现象即可消除。

蜂胶对于治疗便秘的效果非常好，在德勇永治郎所著的《蜂胶即效健康法》一书中，记载了一位住在东京的小林先生。小林先生身体有些瘦，健康状况还可以，但不知什么时候起，却患上了严重的便秘，每次上厕所都要半小时以上，虽然总是大汗淋漓，但收效甚微，真是饱尝便秘之苦。试过了很多药以后，他"无奈"地选择了蜂胶，每天坚持服用 3 次，每次 30 滴。在服用半个月之后，他惊喜地发现，大便畅通了，成形了，颜色也正常了，一天一次有规律地排便，让他心里说不出的高兴。

蜂蜜、蜂花粉对改善腹泻作用很好，同时又可治疗便秘。蜂蜜能润滑胃肠，作为缓泻剂，常用来治疗习惯性便秘等。蜂蜜抗菌消炎，对多种细菌具有很强的抑杀作用，对调理治疗结肠炎、痢疾等都有一定的效果；蜂花粉治疗便秘，在一般情况下短期内即可显效。鲜花粉营养成分丰富、全面，含有大量的纤维素，属于食物纤维素类，这些成分可起到刺激肠壁、促进肠壁蠕动、防治便秘的作用。著名的花粉学者 Remychanvin 博士认为，食用蜂花粉可调整肠功能的紊乱，治好最难治的便秘，而对身体无任何损害和痛苦；在某些情况下，可减轻由肠内危险的致病细菌和微生物任意繁殖而引起的最顽固的腹泻、肠炎、结肠炎、大肠杆菌传染病和其他病症。所以有学者称蜂花粉是"肠内的警察"，是肠道紊乱的良好调理剂。如果每次服用蜂花粉 5 克、蜂胶液 15～20 滴、蜂蜜 15～20 克，效果会更好。

（五）蜂产品对低血压、贫血有很好的辅助治疗作用

人们通常知道蜂产品有降血脂降血压的功效，有人认为低血压和贫血患者，食用蜂产品会导致血压更低，贫血更严重，其实这种观念是错误的。据张新军等介绍，造成低血压和贫血的因素有两个方面：一方面是营养不良，另一方面是体内血脂过高。蜂产品中含有人体所需的各种营养物质，对营养不良造成的低血压、贫血有很好的治疗作用。由于身体内血脂过高而造成的低血压和贫血的机理是血液中血脂含量过高，血液流动缓慢，对血管壁压力小，表现为低血压。随着年龄的增长，血液中的血脂逐渐附着在血管壁内侧，使血管变窄，造成血液对管壁的压力逐渐增大，而表现为高血压。这就是平时人们常见的一种奇怪现象：年轻时是低血压患者，到了中老年反而成为高血压患者。蜂产品降血压的功效是通过降低血液中血脂的含量和调节血流量来实现的。所以蜂产品对高血脂引起的低血压和贫血患者也有很好的疗效。

（六）蜂蜜、王浆忌开水冲服

服用蜂蜜的方法多种多样，最好的方法是蜂蜜加温开水冲服，这样能迅速被人体吸收，滋补效果更强。也可以把蜂蜜加在需要甜味的食品中，如面包、馒头、豆浆、牛奶中食用，但切忌高温，以不超过60℃为宜，否则蜂蜜中的维生素和酶类将会受到破坏，失去原有的营养价值。

在王浆消费者中，有的反映蜂王浆效果并不好，当问到如何服用时，回答是与服用奶粉、豆浆粉一样，用开水冲服。这样服用蜂王浆，肯定收不到什么效果。因为蜂王浆中丰富的生物活性物质对热很敏感，在常温下保存很容易变质腐败。如在阳光照射、气温30℃的条件下，经过几十个小时就会起泡发酵，使所含蛋白质等营养物质遭到破坏；在高温100℃时就会失去使用价值。而在冷冻时则稳定，对质量不会有影响，在－18℃以下氧化停止，可保存几年质量不变。因此，蜂王浆绝对不能用开水冲服，否则会破坏其有效成分而严重影响效能，如果要冲服最好用35～45℃的温开水。

十三、蜂产品一定能占领保健品市场

蜜蜂王国直接贡献给人类的产品是多样的——蜂蜜、王浆、蜂花粉、蜂胶、蜂幼虫……这些蜂产品对于人类的保健有着奇妙的功能。

20世纪40年代，苏联科学院院士、著名生物学家尼克拉·齐金向国内200位百岁以上的长者发信，调查了解他们长寿的原因。当他认真地分析这些回信时，惊奇地发现：回信的200位百岁老人，有177人是或者曾经是养蜂人。

这一调查结果令他十分不解，从养蜂的职业来看，他们并不具备人们观念上长寿的条件：养蜂人一般都居无定所，风餐露宿，但却能适应每一处环境和气候，极少得病；他们的饮食特别简单

却不缺乏任何营养成分，身体非常健康。更让他惊异的是，一些70多岁的养蜂老人起早贪黑，每天工作长达8个小时，却看不出丝毫的疲倦，精力非常充沛，这在普通人看来几乎是难以想象的。在对养蜂人生活的每一个细小的环节进行大量细致的观察、分析后，尼克拉·齐金认为：唯一的可能是他们天天都吃蜂产品，因为王浆、鲜花粉、蜂胶、蜂蜜等蜂产品都有着极为丰富的营养成分和极高的营养价值。尼克拉·齐金把他的调查结果向全世界公布，立即引起了全世界医学界极大的关注，这一结果太让科学家兴奋了，因为困扰医学界多年的中老年人高发病率、高致残率、高死亡率等一系列难题的解决办法终于初见端倪。从此医学界才开始真正地关注蜂产品。

多少年来，不管是西医还是中医，一直没能让人类真正摆脱疾病的威胁，实现真正的健康长寿。直到免疫学的出现，人类才看到了延长寿命、享受健康的曙光。科学家认为，提高人体免疫力，有两条路：一是日常生活中自己创造免疫增强剂；二是从外界补充免疫增强剂。科学家概括出4句话：合理膳食，适量运动，戒烟戒酒，心理平衡。做到这4点，自己就能创造免疫增强剂。然而真正做到这4点的人并不多。绝大部分做不到这4点的人怎么办？唯一的出路是从外界补充免疫增强剂。自免疫学研究以来人类一直在努力寻找真正有效的免疫增强剂，让那些病魔缠身、免疫力低的人，吃某种特殊物质，激活自身免疫细胞，强化自身免疫力。让人体医院更大，医疗能力更强，从而战胜疾病，恢复具

备抗病能力的、强壮的健康体魄。20世纪后期，科学家终于找到了蜂产品——王浆和蜂胶。从药理作用来看，蜂王浆和蜂胶也不愧是天然免疫增强剂。蜂王浆中的R球蛋白、21种氨基酸、维生素C、维生素E对人体免疫特别有帮助，蜂王浆中独有的成分"王浆酸"经多年的实践证明：对人体更具抗辐射、抑制和杀伤癌细胞的作用。蜂王浆对免疫系统有三大功能：一是均衡人体，调整内分泌，稳定免疫系统；二是有自然消除功效，可以清除体内的有害物质，保护免疫系统；三是提供维生素矿物质以及其他特殊营养成分，因此能增加抗体产量，显著增强细胞免疫功能和体液免疫功能，对骨髓、淋巴组织及整个免疫系统产生有益的影响。蜂王浆含有的氨基酸，主要是脯氨酸、赖氨酸、谷氨酸等，这些物质不仅能刺激骨髓造血，还能刺激淋巴细胞进行有丝分裂，使细胞转化增值，增强机体细胞免疫功能，还含有其他有机酸、核酸（RNA和DNA）和蛋白类活性物质，这类物质可分为3种：类胰岛素、活性多肽、R球蛋白。这类物质与其他蛋白质一起作为抗原进入人体，可刺激机体产生大量抗体，增强机体体液免疫。另外，蜂王浆中的硫黄酸可以明显提高机体特异和非特异性免疫功能。蜂胶主要从两个途径对人体健康起作用：一方面，蜂胶中的黄酮类、萜烯类成分直接抑制各种细菌、病毒和肿瘤的生长，甚至杀灭这些致病因子，从而减轻"人体医院"的负担，达到防病治病的目的；另一方面，蜂胶的有效物质到达免疫系统（人体医院），能增强免疫球蛋白的活性，增加抗体产量，增强巨噬细胞的吞噬能力，

激活整个免疫系统的运转，这相当于对人体医院进行全面整改，补充年富力强的"医生"（免疫细胞）。因为两个方面同时起作用，效果自然不一般。除效果更好外，蜂胶与其他抗生素有一个更大的不同——对人体没有副作用，不会好坏不分，好菌坏菌一起杀。

人类应用蜂蜜的历史十分久远，早在3000年前古埃及的金字塔就记载着蜂蜜是"天赐之物"，意思是说，蜂蜜是上天赐予人类的东西，并且有文字记载蜂蜜的食用和药用方法。我国汉代问世的《神农本草经》把蜂蜜列为上品，李时珍的《本草纲目》中也列出了蜂蜜的多种功能：益气补中，止痛解毒，除众病，和百药，久服强志轻身，延年益寿。蜂蜜中含有多种氨基酸，有生物活性很强的酶，如转化酶、淀粉酶，还有丰富的维生素。著名的化学家门捷列夫所列的所有对人体有益的微量元素蜂蜜中都含有，服用蜂蜜对人体中微量元素的补充和平衡起到良好的作用。蜂蜜中糖类主要是葡萄糖、果糖，饮用20分钟后就进入人体血液，送到肝脏，可直接被人体吸收和利用。蜂蜜是公认的最佳甜蜜食品，具有丰富的营养成分，治病防病，养颜美容，延年益寿，老少皆宜。

早在2000多年前，人们就知道花粉的功用。著名古药书籍《神农本草经》和历代本草药籍对花粉的药用、食用功能作了很多记载。称久服花粉可以"强身、益气、延年"，亦有驻颜美容、润心肺、利小便、消淤血、活血、止血、除风以及改善性功能等功效。近几十年来，随着科学技术的发展，人们对花粉的研究日益加深，蜂花粉的独特功效和神奇作用，受到人们的青睐。21世纪，保健

食品发展趋势首推天然性，花粉有先天之天然优势。蜂花粉含有种类齐全、成分搭配比例十分理想的营养物质。它不但含有人体通常必需的蛋白质、脂肪、碳水化合物，还含有对人体生理功能具有特殊功效的微量元素、维生素、生物活性物质等。这些营养成分能在很短时间内不必经过消化便直接被人体吸收，因而对人体的健康、疾病的复原有很大帮助，是世界上迄今所发现的唯一的完全营养保健品。

现在，蜂产品在防治疾病、营养、食疗、保健、美容、抗衰延年等不同领域均得到广泛应用，同时也载于很多书刊报纸中，已公认为医疗、防病之药材。在已出版的《中药大辞典》《中药大全》《新编中药学》《中药名方、秘方大全》及《新编药物学》等书中，均列有蜂产品的词条。

现在市场上的保健品琳琅满目，价格昂贵，其营养成分很少能与蜂产品相比。欧洲人吃面包喜欢加蜂蜜果酱，日本人也变着法儿吃蜂产品（日本是消费蜂产品大国），因而日本人的寿命也在不断增长，男性平均寿命 76.57 岁，女性的平均寿命为 82.98 岁，已经连续十年位居世界首位。逐渐富裕起来的中国人，如果能在晚上临睡前服用一杯蜜水（加 5 ~ 10 克王浆或 3 ~ 5 粒王台王浆更佳），就会送他们进入甜蜜的梦乡，扔掉那伴随他们度过一个个难眠之夜的安眠药片了。糖尿病患者服蜂胶可以有效地降糖，保护血管，修复神经，消除各种感染，促进组织修复，让糖尿病患者远离并发症，等等。中国有 13 亿人口，有着巨大消费潜力的中

国人,人均吃王浆一年不到 3 克,而人均王浆实际需要量为 3 千克。目前中国的王浆年产量 3000 吨,是市场需要量的 1/1000,只要认识到纯天然、防病治病,无毒副作用的蜂产品是他们需要的食品时,中国人的健康水平也将随之提高。倘若我们中国人自产自销蜂产品(蜂产品绝大部分产自中国,产量占世界总产量的 1/10),中国人像日本人一样崇尚蜂产品,不把自己的蜂产品廉价卖给别人,那么我国的养蜂业必将更加兴旺,蜂产品一定能够占领保健品市场。

第二步

掌握蜂产品知识

　　蜂产品，包括蜂蜜、王浆、蜂花粉、蜂胶、蜂毒、蜂蛹虫及蜂巢等诸多产品。

　　蜂产品，具有众多而平衡的营养素和理疗机能，可称得上是典型的天然保健食品了；这不仅有悠久的防病治病强身健体的历史记载，更有最新科技发现为依据。蜂产品均衡营养，强化免疫力，抗氧化、清除自由基，甚至修复DNA的能力已被现代科学所证实，是众多保健食品无法媲美的。

　　目前，我国蜂群总数已达到901万群，占世界蜂群总数的1/9。我国蜂蜜产量从2005年的29.32万吨上升到2014年的46.82万吨，10年增长17.5万吨。2014年蜂王浆产量近3000吨，蜂胶毛胶产量450吨，蜂花粉产量近10000吨；还有蜂毒、蜂蛹虫等，产量相当可观。但我国养蜂业多年来形成"重生产、轻销售；重出口、轻内销"的市场格局，严重影响了国内蜂产品销售市场，形成"生产大国，销售小国"的局面。所以，要扭转蜂产品依赖出口、解决产

大于销的问题，就要积极宣传、推广普及蜂产品营养保健知识，增强消费意识，充分发挥蜂产品的天然保健功效是十分必要的。

一、蜂蜜

（一）蜂蜜

蜂蜜是蜜蜂从活的植物上采集来的花蜜或分泌物，经过它们的酿制并贮藏在巢脾里的甜物质。蜂蜜是一种营养丰富、芬芳甜美的天然食品，而且具有很高的药用价值。蜂蜜作为一种老少皆宜的保健食品，已被越来越多的人认识。

1．蜂蜜的营养成分

蜂蜜中含有生物体生长发育所需要的多种营养物质，现代研究已证明它含有 180 余种不同物质成分。蜂蜜的主要成分是葡萄糖和果糖，二者占蜂蜜重量的 65% ~ 85%，蔗糖不超过 5%；含水量 17% ~ 25%，成熟蜂蜜平均为 18% 左右；含多种氨基酸，使蜂蜜成为营养价值很高的食品。另外蜂蜜中还含有矿物质、酶类、芳香物、有机酸、蛋白质、乙酰胆碱、维生素、酵素、色素和生物活性物质等成分。由此可见，蜂蜜营养极为丰富，不含有害物质，是一种纯正的天然营养品。

2．蜂蜜的功能

在我国历代文献中有很多关于蜂蜜功能的记载。被保存 3000 多年的中国甲骨文中已有"蜜"字。《礼记·内则》载"子事父母，

枣粟饴蜜以甘之"。2300 年前这种甜美食物就用来孝敬老人和长者。春秋战国时期的名医扁鹊擅长用蜂蜜防治疾病。2000 年前的《神农本草经》将蜂蜜列为上品补益药。1800 年前医圣张仲景著《伤寒论》记述蜂蜜用于多种疾病的治疗方剂中，他最先发明用蜂蜜栓剂治疗便秘。明代医药学家李时珍在《本草纲目》中推荐 20 种蜂蜜治病处方，称蜂蜜"生则性凉，故能清热；熟则性温，故能补中；甘而平和，故能解毒；柔而濡泽，故能润燥；缓可以去急，故能止心腹肌肉疮疡之痛；和可以致中，故能调和百药而与甘草同功"。由此可见，我国古代医药学家对蜂蜜的功能都有较全面的研究和阐述，为蜂蜜的应用创立了早期的理论依据或准则。

在前人对蜂蜜的研究基础上，经现代医药学研究表明，蜂蜜作为天然的药品和食品，具有广泛的营养、保健滋补功能，主要功能概括如下：

（1）蜂蜜抗菌消炎。对多种细菌具有很强的抑杀作用，对细菌、病毒、原虫等引起的疾病，有很好的治疗和辅助治疗效果。

（2）蜂蜜能够加速创伤组织的再生，对各种缓慢性愈合的溃疡都有加速肉芽组织生长的作用，并有吸湿、收敛和止痛等多种功能。

（3）蜂蜜能润滑胃肠，是治疗便秘的良药。它还有祛痰、止咳等功能。常食蜂蜜可以润肺、保护肝脏，调节胃肠功能。

（4）蜂蜜可强心造血，调节血压血糖。

（5）蜂蜜可调节神经、改善睡眠。

（6）蜂蜜素有"人类健康之友""老人牛奶"的美称。老年人

常食蜂蜜可延缓衰老，健脑增寿。脑力劳动者久服蜂蜜可以增强记忆力，精力充沛。它可增强运动员的体质，提高运动员的耐力，许多运动型饮料，都含有蜂蜜成分。重体力劳动者，在劳动之后饮一杯蜂蜜水，疲劳感很快会消除，体力会得到恢复。

(7) 常用蜂蜜涂抹肌肤，能使肌肤细腻光滑，防止皱纹产生，改善肤色，也能促进生发乌发，辅助治疗一些常见的皮肤疾患。

3. 蜂蜜的结晶

蜂蜜结晶是在食用蜂蜜过程中经常遇到的一个问题，随着时间的延长及气温的变化，蜂蜜往往会从液态变为结晶状态，颜色由深变浅。蜂蜜的这种变化常常会引起一些人的误解，认为这是由于蜂蜜掺入白糖而造成的，其实这是蜂蜜的自然变化，不是掺糖的结果。

蜂蜜是含有多种营养成分的葡萄糖、果糖过饱和溶液。由于葡萄糖具有容易结晶的特性，因此分离出来的蜂蜜，在较低的温度下，放置一段时间，葡萄糖就会逐渐结晶。其结晶的速度与其含有的葡萄糖结晶核、温度、水分和蜜源有关。

蜂蜜中的葡萄糖结晶核非常细小，存在于花蜜中和贮存过蜂蜜的旧巢脾中。在一定条件下，蜂蜜中的葡萄糖就围绕这些细小的晶核长大结晶。蜂蜜内含有的结晶核越多，结晶的速度就越快。蜂蜜的结晶速度快慢也受温度影响，在 13 ~ 14℃时最容易结晶。若低于此温度，由于蜂蜜黏稠度提高致使蜂蜜结晶迟缓；若高于此温度，则减少了溶液的过饱和程度，也使结晶变慢。因此在保存蜂蜜中，要控制好温度以延缓蜂蜜结晶过程。蜂蜜结晶还与蜂蜜种类、含水

量有关，如刺槐蜜、枣花蜜等不易结晶；而油菜蜜、棉花蜜等就易于结晶。全部结晶的蜂蜜，一般含水量较低，宜长期保存不易变质。含水量多的未成熟蜜，因溶液过饱和程度降低，结晶速度也会变慢或不能全部结晶，使结晶的葡萄糖沉于底部，其他稀薄蜂蜜浮在上层，这种半结晶蜂蜜其营养成分也未发生变化，就是蜂蜜含水量相应增加，因此这种蜂蜜不宜长期保存。蜂蜜结晶是蜂蜜的一种物理现象，其化学成分、营养价值都未发生变化，更不会影响蜂蜜的质量，可放心食用。

4．蜂蜜的食用方法与保健效果

蜂蜜作为食品和良药，可直接入口服用，也可添加到食品、饮料、菜肴中食用，还可用其制作成饼干等各种食品。蜂蜜有和百药的功能，用其熬制成各种药丸，不仅功效高作用强，且利于长久存放。用之作中药"引子"，还可大大提高药效。许多科学研究和实践证明，蜂蜜的食用方法直接影响着它的营养与保健作用，科学地掌握食用方法，能充分地发挥其营养和保健功效。

首先，要选购优质的蜂蜜，存放蜂蜜的容器最好使用玻璃或陶瓷器皿，使用无毒塑料瓶时间不宜过长（3个月）。购买后要放置在阴凉、清洁、干燥处，最好放在冰箱中的保鲜层内。每次取食后，要将容器口盖好。

其次，蜂蜜可单独食用，也可兑水或牛奶等服用，但切不可用开水冲兑和高温蒸煮，因蜂蜜中的酶及维生素等生物活性物质对热稳定性较差，在高温中易受破坏，降低蜂蜜的营养价值。另外，用

开水冲兑的蜜水，蜜香味挥发，口味改变，食之有不愉快的酸味。因而，冲兑蜂蜜最好使用 60℃以下的温开水或凉开水。

再次，蜂蜜对胃酸分泌过多或过少均有调节作用，使其分泌活动正常化。因此有胃肠道疾病的患者，注意掌握好服用方法，更有利于早日康复。蜂蜜对胃酸分泌有双重影响，主要取决于口服蜂蜜溶液的时间和温度。饭前 1 个半小时服用，会抑制胃酸的分泌；服用后立即就餐，反而会刺激胃酸的分泌；温热的蜜水会使胃液稀释而降低胃酸，但冷蜜水能提高胃液酸度，刺激肠道运动。因此，胃酸过多或肥大性胃炎，特别是胃和十二指肠溃疡的患者，宜在饭前一个半小时服温蜜水，不仅能抑制胃酸的分泌，而且能使胃酸度下降，从而减少对胃肠黏膜的刺激，有利于溃疡面的愈合；而缺乏胃酸或萎缩性胃炎，宜食用冷蜜水后立即就餐。

由于蜂蜜中含有乙酰胆碱和葡萄糖，前者能降低血糖，后者入血可造成食饵性高血糖。故糖尿病患者可在医生的指导下小剂量服用蜂蜜，能降低血糖，使酮尿症消失。

蜂蜜具有安神益智、改善睡眠的作用，神经衰弱患者在每天睡觉前口服一食匙蜂蜜，可以促进睡眠。习惯性便秘、老人和孕妇便秘，连喝几次蜂蜜水便能缓解。炎热的夏季，用冷开水或矿泉水兑蜂蜜饮食，能消暑解热，是很好的清凉保健饮料。蜂蜜中含有大量的单糖，易于消化和吸收。另一方面，由于蜂蜜中锌、钙、磷和铁的含量较高，也容易被人体吸收，所以能促进儿童正常生长发育，并能有效地预防及治疗缺铁性贫血。老年人常食蜂蜜可帮助消化，增强

体质，延年益寿。

此外，民间有许多蜂蜜验方如能正确掌握使用，会有较好疗效。如把梨挖空放入适量蜂蜜蒸，然后食用，能治疗虚火咳嗽。把生姜捣烂取汁，与蜂蜜拌匀服用能治慢性气管炎。小孩发烧时用蜂蜜与等量冷开水拌匀，连喂几次即可退烧。白芨泡蜂蜜吃可治咯血。香蕉蘸蜜吃治疗便秘较好。

民间流传着"蜂蜜加韭菜死得快，蜂蜜加葱死得凶"的说法是缺乏科学根据的，蜂蜜中的成分与韭菜和葱不会产生有毒物质。只不过韭菜和葱的气味与蜂蜜不相匹配，与蜂蜜混食影响了蜜的口味，因此不宜配伍食用。

服用蜂蜜的一般剂量是，成年人每天服用 60 ～ 100 克较为适宜，最多不可超过 200 克，分早、中、晚三次服用，以较大剂量为例，早晨 30 ～ 60 克，中午 40 ～ 80 克，晚上 30 ～ 60 克，儿童每日服用 30 克较好，可分多次以温水冲服为宜。用于治疗时，两个月为一个疗程，即可收到显著效果。服用量的大小，主要区别于服蜜目的及需要，正常情况下，用于治疗时用量稍大一点，保健时用量适当小一点。同时还需根据每个人的身体实际及具体情况灵活掌握，用量过小达不到相应的效果，用量过大也没必要，需因人适情而定。

（二）巢蜜

巢蜜，又称格子蜜，利用蜜蜂的生物学特性，在规格化的蜂巢中，酿造出来的连巢带蜜的蜂蜜块。巢蜜含有丰富的生物酶、维生

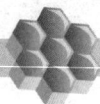

素、多种微量元素等营养物质，为蜜中精品，对人体具有很好的保健功效。

生产者根据蜜源植物的流蜜规律及蜜蜂封盖蜜脾的习性，可以按照不同的格式生产，一个巢框可以分为 4 块、8 块、12 块不等。实验证明，只要外界蜜源充足，无论大小格，蜜蜂都能够造脾、灌蜜、封盖。在生产巢蜜过程中，要严格按操作、食品卫生要求、巢蜜质量标准进行。要防止污染，不用病群生产巢蜜。饲喂的蜂蜜必须是纯净、符合卫生标准的同品种蜂蜜，不得掺入其他品种的蜂蜜或异物，生产饲喂工具无毒，避免对巢蜜外观、气味等造成污染。在巢蜜生产期间，不允许给蜂群喂药，防止药物残留。

市场上出售的巢蜜是用透明无毒的塑料或竹、木材料做成大小及形状不同的格子蜜，或把封好盖的全蜜脾用刀分割成一定形状的蜜块盒装的巢蜜。即先制作成一定格式的巢框，然后将小块的巢础嵌入格内，装进巢框后放入采蜜群中，让蜜蜂在格子内营造巢脾、贮蜜、封盖成巢蜜，最后取下成熟的巢蜜块，装盒、包装。

在运输巢蜜过程中，要尽量减少震动、碰撞，避免日晒雨淋，防止高温，尽量缩短运输时间。

（三）喜蜜

近段时间以来，在很多喜宴现场，前来赴宴的亲朋好友颇为惊喜地收到了瓶装的蜂蜜，这样的蜂蜜有个喜庆的名字叫"喜蜜"。

喜蜜大概在 2009 年已经开始在国内流行，喜糖吃多见多了，

人们想换个花样，于是一种喜糖的替代品——喜蜜应运而生，并首先风靡江浙沪及港澳一带。之后，喜蜜开始受到越来越多新人的青睐。在 2010 年北京夏季婚博会上，喜蜜一经亮相，便受到众多新人与媒体的热捧，成为众人赞叹的焦点。

喜蜜最初在国外比较流行。蜂蜜的英文名称"honey"，另一种意思是"爱人、甜心、宝贝儿"，不仅是恋人们的亲密爱意的表达，更是象征着幸福甜蜜。相传，为了让爱情更加浓郁，丘比特在射出爱之剑前都要先在箭头上涂上蜂蜜。因此，拥有完美寓意的蜂蜜作为婚礼回礼首先在欧美国家流行起来，并深受各国新人的喜爱。

喜蜜规格一般为 25 克左右，售价和普通的巧克力、喜糖价格差不多，并有槐花蜜、枣花蜜和枸杞蜜等多个品种以供选择，还可搭配不同的创意和包装。

现代人都爱赶时髦，婚礼用品自然也要跟上步伐，换个样式让所有参加婚礼的宴客耳目一新，让客人觉得这样的婚礼新颖时尚、别具特色，让人觉得有面子、时尚、甜蜜，个性喜蜜最能代表夫妻的甜蜜爱情，爱情的甜蜜让来宾一起分享。喜蜜的外观很漂亮，五角星和心形的瓶身较受新人的欢迎。在装有蜂蜜的瓶上系上红绸，并扎上红纱，还可根据需要，放上两人的婚纱照，或做成精美礼盒，里面放上几小瓶喜蜜，在结婚喜宴上给亲友送上，不仅寓意"甜甜蜜蜜"，还有益健康。

目前国内仅有不多的几家蜂产品企业做喜蜜这个产品，而购买渠道也很有限，除了网上购买，只有一些婚庆市场会有。这种现象

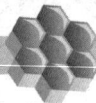

造成的弊端就是喜蜜的品质无法得到保证,产品推广受到很大限制。

面对这个流行趋势,蜂产品企业可以开发一些包装精美、个性、质量过硬的喜蜜产品来满足庞大的市场需求。把喜蜜产品定位做得更为细致、精准。

二、王浆

(一)王浆

王浆是哺育蜂舌腺和上颚腺分泌的物质,是蜂王生命活动的主要食物。又称蜂皇浆、蜂王浆、蜂乳。王浆颜色以乳白色或淡黄色为主,个别的也有呈微红色。王浆有特有的香气,有酸、涩带辛辣味,回味略甜。

1.王浆的成分

王浆的成分很复杂。王浆中的蛋白质约占干物质的50%,其中2/3为清蛋白,1/3为球蛋白,这和人体血液中的清蛋白、球蛋白比例大致相似;所含的球蛋白是一种R球蛋白的混合物,具有抗菌、延缓衰老的作用。王浆含有21种以上的氨基酸,其中包括人体必需的8种氨基酸和牛磺酸。王浆中至少含有26种游离脂肪酸,其中10—羟基—癸烯酸(10—HDA)是王浆中所特有的,因此被称为王浆酸。王浆中还含有神经鞘磷脂、磷脂酰乙醇胺及3种神经甙等磷脂质。王浆中含有多种维生素,是一种天然的维生素浓缩物,其中以B族维生素最为丰富,包括B_1、B_2、B_6、B_{12}、叶酸、乙酰胆

碱等。此外，还有 V_A、V_C、V_E，它们都有清除自由基、抗衰老、增强机体免疫力的功能。

王浆中含有多种矿物质成分，而且易被人体吸收。除钙、磷、钾、钠、镁等常量元素外，还含有人体所必需的且具有多种生理功能的多种微量元素，如具有防癌抗癌作用的硒、铁、钼、铜；与糖尿病有关的锌、铬、锰等。

王浆中含 RNA 为 3.8 ～ 4.9 毫克 / 克，DNA 为 201 ～ 203 微克 / 克，糖类 13% 左右，其中 45% 的葡萄糖，52% 的果糖，1% 的麦芽糖，1% 的龙胆二糖和 1% 的蔗糖。

王浆中含有多种生物活性成分，包括具有自由基清除作用的 SOD；对糖尿病患者有良好医疗作用的胰岛素样肽类；具有清除自由基、抗氧化、防癌抗癌等生理功能的黄酮类化合物；还具有多种酶类和激素类物质，如葡萄糖氧化酶、磷脂酶、淀粉酶等，肾上腺素、去甲肾上腺素、性激素、促性激素等。

2．王浆的功效

王浆的作用在民间，已流传了几百年。在俄国亚历山大大帝的记录和意大利人马可·波罗的游记里，在《圣经》《古兰经》和《犹太教法典》里，都有王浆作用的描述。在澳大利亚、德国、英国、古埃及等国历史上也都有民间用王浆防治疾病的传说。我国早在清朝初期就已应用王浆，当时称王浆为"蜜尖"，是朝廷贡品中的上品，专供皇帝食用。云南省少数民族居住区早有"蜂宝能治百病"的传说，这里的蜂宝指的就是王浆。

王浆的独特功效，从19世纪就引起人们的注意，并逐渐应用于医疗和保健食品中。1954年，年过八旬的罗马教皇皮奥十二世卧病在床，久治无效，生命垂危。教皇主治医生加列亚基里尔破例地给教皇服用了王浆，教皇奇迹般地转危为安。1957年，起死回生的罗马教皇亲自参加了世界养蜂大会，会上畅谈了服用王浆的神奇体会，博得了与会专家们的一致赞同。美国前总统卡特，自青年时代起就不间断地服用王浆，所以精力充沛。

王浆被科学家指定为世界唯一可供人类服用的纯天然胎儿级食品，对人类有极强的营养保健功能和医疗作用。国内外研究结果和临床应用实践证明，王浆的主要功能可以概括如下：

（1）王浆对大肠杆菌、金黄色葡萄球菌和巨大芽孢变形杆菌等有明显的抑制和杀灭作用。王浆的抗菌消炎作用与pH有关，pH越小，其抗菌力越强，pH为8时，其抗菌作用完全消失。王浆中的癸烯酸有极强的杀菌能力，如用滤纸将王浆过滤，则失去抗菌消炎作用。此外，王浆还有抗病毒作用。

（2）王浆可以增强体质，在缺氧、劳累、高温、寒冷及禁食恶劣条件下，能够增强机体的适应和耐受能力，抵御外界不良因素的侵袭及恶劣环境对机体的损伤，达到保护机体、降低死亡率、延长寿命的目的。

（3）王浆可使衰老和受损伤组织细胞被新生细胞所替代，促进受损伤组织再生和修复。王浆能够强壮造血系统，使血中红细胞数目明显增多。王浆还能够提高机体免疫机能，具有很强的抗射线辐射能力。

（4）王浆能调节内分泌，有促性腺激素、兴奋肾上腺皮质的作用，使失去控制和平衡的内分泌系统恢复活力。

（5）王浆能够增强组织呼吸，降低耗氧量，促进机体新陈代谢。王浆能够降低血糖、血脂和胆固醇，调整血压，对心脑血管系统疾患具有很好的预防和保护作用。

（6）王浆能增加食欲、促进消化，加强消化系统的功能，还能增强过氧化氢酶的活力，促进肝脏机能的恢复，对保护肝脏有明显的作用。

（7）王浆可以调节神经系统以及其他系统的平衡，改善睡眠，恢复大脑皮层的功能活动，开发智力和增强记忆力，促进机体的正常生长发育。

（8）王浆可以促进和增强表皮细胞的生命力，改善细胞的新陈代谢，使皮肤保持生理营养平衡，防止弹力纤维变性与硬化，使皮肤更加润滑细腻、洁白健美、富有弹性，减少皱纹，推迟和延缓皮肤的衰老。

3．王浆的贮存及食用

鲜王浆的活性物质，大部分在常温下保存 5 天以上，就会受到不同程度的影响。放入冰箱中，在0℃条件下，可保存 1 个多月；在 - 2℃时存放 1 年质量不变；在 - 18℃以下可贮存数年质量不变。为了解决这一问题，有些蜂产品生产厂家采用先进的科学方法，生产出了在常温下可密封保存的蜂王浆冻干粉。这种蜂王浆冻干粉在保质期和王浆一样，对人体有同样的保健作用。

王浆宜早晚空腹直接含服。但从冰箱的冷冻室中取出的王浆，

会结冰，很难取食。因此，建议消费者选用下面两种方法贮存和食用王浆：一是常温下将王浆完全溶解，按 1 ：3 的比例将王浆加入蜂蜜中，轻轻搅拌，使蜂蜜和王浆完全混合，然后放入冰箱的冷藏室内。王浆加入了蜂蜜经冷冻结冰后较软，可以用不锈钢汤匙取食。二是取半个月左右食量的王浆，置于冰箱的冷藏室，王浆不会结冻，取食方便。待食完后再从冰箱的冷冻室取同样分量的王浆到冷藏室内，每天服用。如果对王浆的口感觉得不适，可加入适量蜂蜜混合服用。

如果没有冰箱可采用下面两种方法：一是蜂蜜贮藏服用法，即将蜂蜜与王浆按 10 ：1 的比例配制成王浆蜜。方法是先取 1 份王浆，加入少许凉开水研磨调匀，然后加入 10 份蜂蜜，充分搅拌均匀，放在常温下阴凉的地方，每天早晚空腹服用。二是白酒贮藏服用法，此法适于会喝酒的人，即取白酒 10 份，加入鲜王浆 1 份，混合均匀饮用，也可以在酒中加入蜂蜜，效果更佳。白酒选用 30℃ 以上的，但酒的度数不能太高，以免蛋白质凝固沉淀。利用这两种方法在常温下贮藏王浆，只能存放 1 ～ 2 个月，不能久置。所以消费者最好要少量购买王浆，随用随配制，以保证经常服用活性成分不受损失的王浆。

王浆最好空腹服用，每日 2 次，成人每次 5 克，儿童减半，体弱多病者每次 10 ～ 20 克。

（二）王台王浆

1. 王台王浆的优点

王浆是养蜂的主要产品之一，其成分复杂，是高级营养补品，

用它来喂饲一个蜂群中的幼虫及所有的蜂王幼虫，同时也可用于治疗某些疾病。

王浆虽然是一种对人类有极强的营养保健功能和医疗作用的蜂产品，但只有鲜活无假的王浆，才能发挥王浆奇特的保健功效。目前国内市场上部分瓶装王浆的质量存在以下几种情况：（1）新鲜度不高，这类王浆没有掺假，也没有提取王浆酸，只是蜂农生产后存放在室温下至少 10 天，王浆中的活性物质大部分或全部丧失，实践证明，这样的王浆用于某些疾病，效果不好。（2）腐败变质的王浆，这类王浆也是原浆，但在常温下已放置 1 个月以上，王浆已失去光泽，尝之有腐败味，闻后有恶心感。（3）假王浆和掺假王浆，现在王浆掺假造假手段高明，几乎可以以假乱真。

大量事实证明，王浆必须及时低温保存，其活性才不会丧失，才能充分体现王浆的神奇效果。而中国王浆主要生产季节是每年5 ~ 8 月，平均气温在 30℃以上，如果蜂农取下王浆后，一天内未放进冰箱或冰柜，王浆的活性就会全部丧失。王浆低温保存，不应从商店出售时才开始，而应从蜂农采下王浆后立刻进行低温保存，所以《中国蜂产品报》曾报道"蜂王浆的保鲜必须从生产做起"。实际上多数蜂农从生产开始就在常温下存放，并且要等到一定数量时才拿出去

王台王浆加盟商参观学习

卖给收购商。有的厂家从采购开始就在常温下存放，并且要等收购到一定数量时才运走。这批王浆一到工厂，立即冷冻，外加干冰，装入泡沫塑料盒，外边再套纸箱，经过多层包装后发到国内外经销商手中，经销店再低温保存卖给消费者。这种马后炮做法的结果是让顾客看到其王浆注重保鲜，而实际质量却相当低劣。

王台王浆（又称王台型蜂王浆）则不同，它是将蜂场上现有的王浆生产器，即王台通常为一整体，上面排列一排或两排王台，但是在王浆的实际生产过程中，总有局部王台没有接受王浆，导致空台现象经常发生，经过一定的技术改造而成的新型天然鲜王浆生产器，即王浆生产以单个王台为基本单位进行，王台与浆条之间为活动连接，当蜂农发现其中有空心王台时可及时更换，所得到的一种原生态王浆新产品。王台王浆务必要求蜂农从蜂群内取王浆时，盛有王浆的王台连同幼虫和蜡皮均原封不动，且须立刻低温保存，不然蜂王幼虫会在短时间内变黑，而低温保存好的鲜王浆幼虫应是白色的。每个王台上蜜蜂筑起的蜡台，每个颜色形状都不一样，是自然形成，不能人工制造，可有效防止掺水、掺淀粉、掺玉米面、滤走王浆酸等掺杂使假现象的发生。

市场上一部分低价王浆的王浆酸含量非常低，另外有些蜂农掺杂使假、不重视王浆的低温保存，出现劣质王浆，无疑给消费者利益带来了极大的损害。

王台王浆，可以避免消费者买到"过滤货"和劣质王浆，这是因为：王台内含有营养丰富的蜂王幼虫，既是高级滋补珍品，又是

顾客对其质量监督的重要标志，王台王浆内的蜂王幼虫，在常温下颜色很快就会变黑，而低温保存好的鲜王浆幼虫应是白色的；王台王浆所具有的独特的原生态外观，使一般顾客不需要过多的专业知识就可以辨别其真假和新鲜程度，消费者服用此王浆就如同从蜂群中刚刚取出一样，其生产过程大大简化，从而能防止不良因素对王浆质量的影响。王台王浆真正做到了低温保鲜，保证了王浆的天然活性成分，这样就让造假者无机可乘，让每一位消费者用上放心、天然绿色健康的鲜王浆。

2．王台王浆的使用方法及注意事项

食用方法：用取浆勺将蜡皮去掉，取出王台内王浆（含蜂王幼虫）直接含服或 1：5 蜂蜜用温水送服。每日 2 次，每次 3～5 粒，空腹效果好。

外用方法（王台王浆五步美容法）：第一步：用取浆勺将蜡皮去掉；第二步：取出 1～2 粒王台王浆（含蜂王幼虫）放入手掌心；第三步：加少量温水调匀；第四步：每日 2 次涂抹在脸上；第五步：过 10 分钟后洗净，美白效果特别好。

注意事项：不可以将王台整粒吞服；冷冻保存。

三、蜂花粉

蜂花粉是蜜蜂从蜜粉植物雄蕊花药上采的花粉粒，经过蜜蜂加工而成的团状物。

蜜蜂采回的花粉团，因季节、蜜源不同，有时多，有时少；花粉的颜色由浅到深各种都有，但大部分为黄、淡黄、淡绿、橙红、淡褐和灰白色等。新鲜花粉气清香、味稍甜，略有苦涩。在花粉多的时候，养蜂者将花粉截留器放在巢门口，凡是进入蜂巢的蜜蜂都要通过小孔，这样便把蜜蜂采集回来的花粉，大量地采收下来。花粉经过处理后，既是高级滋补品，又可供蜜蜂缺粉时喂饲。

（一）蜂花粉的主要成分

蜂花粉是许多具有营养价值和药效价值的物质所组成的复杂浓缩物，它富含蛋白质（蛋白质的含量一般在 7% ～ 30%，平均为 20% 左右）、碳水化合物（主要是葡萄糖和果糖）、脂类、核酸、黄酮类化合物、氨基酸（几乎含有人类迄今发现的所有氨基酸，一般含量为 13% 左右）、抗生素、维生素和其他活性物质等。据分析，蜂花粉中活性酶类多达 90 余种，氨基酸含量是牛肉、鸡蛋中氨基酸的 6 倍多，核酸含量是鸡肝、虾米的 5 ～ 10 倍，维生素含量远远超过许多种新鲜水果和蔬菜，常量和微量元素多达 27 种以上，因而享有"全价营养源""高浓缩微型营养库"的美称。

（二）蜂花粉的功能

早在 2000 多年前的《神农本草经》中就有香蒲花粉的记载，称香蒲花粉为蒲黄，列为上品药，称蒲黄味甘平，主治心腹膀胱寒热，利小便，止血，清淤血。柳树花粉也是传统的中药，柳花主治

风水黄疸。松树花粉自古被我国人民视为益寿延年之佳品。《唐本草》中记载"松黄"（即松树花粉）干温无毒,主润心肺,祛风止血,三月采收,拂取正如蒲黄（即香蒲花粉）。

公元 847 年,唐代著名诗人李商隐,身患黄疸和阳痿等病,百药无效,后食玉米花粉而愈。在《古今秘苑》一书中收载他介绍玉米花粉药用价值的诗句。诗曰"标林蜀黍满山岗,穗条迎风散异香。借问健身何物好,天心摇落玉花黄。"这"玉"当为玉米,而"花黄"为古代对花粉的统称。

我国古代关于花粉制剂用于美容方面的著述也比较多,如魏贾思勰的《齐民要术》卷五：种兰花一节中有胭脂、香泽（润发油）、西脂唇脂（润肤膏）、香粉等制作方法,在配料中都提到花朵,而实际上则是花粉的作用。

同样在古代外国对花粉的营养价值也有很高的评价。如古罗马、希腊、中东等国家的史书中,如《圣经》《古兰经》和《犹太法典》等记载："花粉是神之食物""青春和健康的源泉",一些外国部落居民至今还用芦苇的花粉做成各式糕点,当做美味可口的食品。埃及人把花粉作为美容的圣品,高加索人说花粉是长寿的根源,以色列人说花粉是维持生命的宝贵圣食,而印第安人把花粉在勇士成年的仪式中使用。

近几十年来,随着科学技术的发展,人们对花粉的研究日益加深,蜂花粉的独特功效,受到了人们的青睐。21 世纪,保健食品发展趋势首推天然性,花粉有先天之天然优势。试验研究和临床应用证明,蜂花粉的主要功能作用可以概括如下：

（1）蜂花粉能增加食欲，促进消化系统对食物的消化和吸收，增强消化系统的功能，对胃肠溃疡组织损伤有杀菌和促进愈合作用，对肝细胞有良好的保护作用。

（2）蜂花粉对神经系统具有积极的调整作用，能促进大脑细胞的发育和智力发育，促进幼儿成长，具有增强中枢神经系统的功能，使大脑保持旺盛的活力。

（3）蜂花粉能增强毛细血管的强度和弹性，软化血管，降低胆固醇和甘油三酯等含量，增强心脏收缩能力和功能，对心血管系统有良好的保护作用。

（4）蜂花粉能够促进造血功能，还有明显的抗射线辐射和抗化疗损伤的作用，对于癌症患者在放疗和化疗中引起的造血功能损伤有良好的防护作用，对贫血也有特殊的治疗功效。

（5）蜂花粉能提高机体的 T 淋巴细胞和巨噬细胞的数量和活性，增强免疫系统的功能，抗细菌、病毒的侵害。中和毒素对肿瘤及其转移有抑制作用，有养生抗衰老的作用。

（6）蜂花粉能促进内分泌腺体的发育，提高内分泌腺的分泌功能，对由内分泌功能紊乱而引起的疾病有较好的治疗效果。蜂花粉还能促进性腺发育，对不生育者、性功能减退及前列腺功能紊乱等有意想不到的效果。

（7）蜂花粉能抗缺氧，使机体提高耐缺氧能力和加速适应缺氧能力。蜂花粉还能提高运动员的反应能力，增强运动员的体力和耐力，迅速消除疲劳和保持良好的精神状态。

（8）蜂花粉能改善皮肤细胞的营养成分，促进皮肤细胞新陈代谢，延缓细胞老化，增加皮肤弹性，防止皮肤干燥脱屑，消除皱纹，使皮肤柔软、光滑、细腻和健美。

（三）蜂花粉的贮存

由于花粉构造特殊，成分复杂，如处理不及时、保管不善，很容易发生变质。常用的贮存方法有：

1．干燥法

将花粉放在浅盘内，在热而干燥的室内或干燥箱内干燥3～5天，使水分蒸发，后装入容器内密封贮存。为防虫害，干燥包装后最好先在冰箱内冷冻1～2天再于常温下贮存，这种方法简单、方便，可存放1年左右。

2．粉糖法

把新采集的花粉，以每千克花粉加入0.5千克砂糖，装入容器内捣实，上面再放30～50毫米厚的砂糖，严密封口，可贮存2年左右。

3．低温法将花粉装在食品塑料袋或广口玻璃瓶内密封后，再放入冰箱，在0℃以下低温贮存，其营养价值可保持数年。

（四）蜂花粉的食用

花粉可以单独食用，也可以制成花粉混合剂，其医疗、保健和美容效果十分显著。服用花粉混合剂没有禁忌症，食用混合剂一至半个月后，可停服两周左右，有必要时再服用。这里推荐几种能够

在家庭条件下自行制作的混合剂：

（1）将500克鲜花粉、400克高浓度蜂蜜搅拌均匀，装入棕色广口瓶中，拧紧瓶盖，置于阴凉干燥处避光保存，可存60天不会变质。早晚各服一次，刚开始服量少些，肠胃适应后，每次服50克混合花粉蜜，温开水冲服。

（2）花粉60克和液态蜜300克充分混合，然后将混合物装入棕色玻璃容器中，室温下保存，经一周发酵后，在食用前充分搅匀即可服用，每天服2～3次，每次一食匙，在饭前20～30分钟服用。

（3）花粉20克，王浆和蜂蜜500克，拌匀后，装入棕色玻璃容器中，紧密包装贮存在凉爽处，1天服用2～3次，每次一茶匙在饭前饮服。这种混合物对身体虚弱和病体康复期及各种疾病有良好效果。

（4）花粉20克，液态蜜100克和鲜乳200克，充分拌匀成浆状，装在棕色玻璃容器中后，覆盖包装，保存在凉爽处。每天3次，饭前服用，每次一茶匙或涂在面包上。这种乳蜜花粉混合物，儿童很喜爱，可治疗各种原发性贫血症。

总之，食用蜂花粉的方法很多，无论是单独用花粉或制成各种混合剂，都可收到有病治病、无病保健美容的效果。

四、蜂胶

蜂胶是蜜蜂从植物的芽苞、树皮或树干上采集的树脂，并混入

其上颚腺分泌物、蜂蜡和少量花粉加工而成的一种具有芳香气味的胶状混合物。蜂胶是一种珍稀神奇的天然物质，是蜜蜂奉献给人类健康事业的瑰宝。丰富而独特的生物活性物质赋予了蜂胶多种功能，对人体有广泛的医疗、保健作用。

（一）蜂胶的化学组成

蜂胶集动物分泌物和植物分泌物于一体，富集动植物之精华，具有复杂、奇妙的化学组成，它含有 20 余类、300 多种天然成分。其中包括 30 多种芳香酯，30 多种类黄酮化合物（包括黄酮、黄酮醇和黄烷醇）和硒、钙、锌、铁、锰、铜、铬、锂、锶、镁、铈、银等 30 多种人体必需的微量元素，20 多种氨基酸，10 余种芳香酸、蜂蜡酸类、萜类化合物、脂肪酸和脂肪酸脂，数种类固醇类、醇类、醛类、糖类、酮类化合物；还有多种酚类、甾类、酶类、维生素、烯、烃和其他具有生物学活性的有机化合物。

蜂胶的最大特点是富含黄酮类和萜烯类物质，它们赋予了蜂胶许多生物学作用。

研究表明，蜂胶中的咖啡酸、木脂素、多糖、甙类、皂甙、萘醌类等物质都有抗肿瘤活性；木脂素、醌类、鞣质、咖啡单宁酸盐等具有扩张冠状动脉的作用；单宁酸、阿魏酸、苯甲酸、水杨酸、肉桂酸、咖啡酸酯等都具有抗菌作用；蜂胶中的精氨酸对 ATP 酶、过氧化氢酶、胰酶具有激活作用，并在核苷酸蛋白质合成、细胞代谢及组织再生修复中起重要作用；蜂胶中含有多种酶类，在物质代

谢及血栓症、癌症的治疗上发挥一定的作用；蜂胶中还含有丰富的微量元素、维生素等，这些物质都在防病治病中发挥着相辅相成的作用。

（二）蜂胶的应用

人类认识利用蜂胶的最早例证在3000多年前，即古埃及人用蜂胶制作木乃伊；真正将蜂胶用于人类自己的记载是公元前524～公元前485年，古希腊的历史学家哈罗德特斯在他的历史著作中提到蜂胶；公元前384～公元前322年，古希腊哲学家亚里士多德在他的《动物志》中记载了蜂胶能够治疗皮肤病、刀伤、感染等；公元23～79年，古罗马《自然史》的作者普林尼，在该书中描述了蜂胶的来源及蜂胶可吸出扎进体内的刺，对治疗神经痛、皮肤病(脓肿、溃疡)有效；到了公元6世纪，古阿拉伯的医学家伊本·西拿，在他的《医典》一书中将蜂蜡分为纯蜡和黑蜡。黑蜡就指蜂胶，并记述了蜂胶治疗溃疡和净化血液的特征和用途；印加人用蜂胶来治疗热性传染疾病；太平洋诸岛的居民则用之治疗腹痛；11世纪，伊朗哲学家阿比森纳在受箭伤及扎刺后，涂上蜂胶感觉疼痛得到了缓和；15世纪秘鲁人用蜂胶治疗热带传染病等；1899～1902年，英国在侵略南非的战争中，军医用蜂胶与凡士林混合，作为手术后的外涂药；1909年，亚历山大罗夫发表了《蜂胶是药》的论文，并叙述了他用蜂胶治疗鸡眼的效果。第二次世界大战时，前苏联已经广泛地应用蜂胶预防和治

疗肿瘤等多种疾病。

如今，实践证明，蜂胶是保健精品，蜂胶作为一种珍贵的天然药材，主要应用于医疗：

（1）蜂胶是很好的消炎药剂，它能消除炎症或减轻、抑制病原体。利用蜂胶治疗支气管炎、哮喘、慢性肺炎和其他呼吸道炎症有效，可预防感冒及流行性感冒。

（2）蜂胶治疗胃及十二指肠溃疡，能够在胃黏膜上形成一层酸不能渗透的薄膜，快速止痛，使胃酸趋于正常，胃分泌机能恢复，提高治愈率，减少以后手术治疗的几率，缩短治疗时间，未发现副作用。蜂胶治疗急慢性胃肠炎、痢疾等消化道疾病，效果迅速显现，同时还不会造成人体消化道寄生菌群比例失调。对消化不良、便秘、肝炎等也有治疗和辅助疗效。

（3）蜂胶中的黄酮类等物质，可增强心脏收缩力和血管韧性，软化血管，降低血脂、血糖、血压和血液黏稠度，能有效地抑制血小板、胶原纤维和胆固醇等的集聚，清除血管内壁堆积物，净化血液，改善血液循环等。因此，蜂胶在临床上防止血管硬化，治疗冠心病、高血压、高血脂症等都有显著效果，并且持久、稳定。

（4）欧洲以蜂胶医治癌症较早。日本学者在肝癌与子宫癌临床研究中发现，服用蜂胶3个月到一年后，所有患者癌细胞全部失去活性。手术或接受射线治疗的癌症病人，服用蜂胶可以延缓和减少副作用。所以，蜂胶可能作为一种新型的抗肿瘤药物，在临床上广泛地应用。蜂胶还可以治疗和辅助治疗糖尿病、肾炎、泌尿系统感

染、慢性前列腺炎、早泄等多种疾病。

（5）蜂胶及其制剂如蜂胶软膏、蜂胶液等，外用与内服都可以治疗口腔炎、复发性口疮、口腔溃疡、牙周炎和各类型牙痛等口腔疾病，实践证明疗效很好。对于治疗鼻炎、中耳炎、慢性咽炎和听力迟钝等也有较好的疗效。

（6）蜂胶应用于妇科，可治疗阴道炎、阴道滴虫、慢性盆腔炎、宫颈糜烂、宫颈内膜炎、子宫肌瘤、子宫癌和乳腺炎等病症，还可以用于妇科手术后阴道创面的愈合。

（7）蜂胶是一种广谱抗生素，对细菌、真菌及病毒都有很强的抑制和杀灭作用。所以，蜂胶及其制剂广泛用于治疗和辅助治疗湿疹、疣、各类型皮炎、癣、毛囊炎、疥疮、皮肤瘙痒等皮肤病。

（8）蜂胶是新兴的美容佳品，不论内服还是外用都能够营养肌肤、除皱美容和保护头发等。

（三）蜂胶的食用及注意事项

蜂胶是一种珍贵的天然产品，不仅功效很多，疗效显著，而且无毒副作用，几乎是一种男女老少皆宜的产品，一般都可以放心食用。但是，事物总是一分为二的，蜂胶虽是好东西，但极少数人就会对蜂胶产生过敏反应，这部分人应该慎用。对一些过敏体质，如果开始时少量服用，然后随着身体的适应再慢慢地增加用量，也可能避免过敏的产生。一般而言，每人每次纯蜂胶的用量以 100 ～ 120 毫克为宜，少服效果差，多服则造成浪费。此外，由于婴幼儿的消化系统尚不健全，5 岁之前不提倡食用蜂胶产品。婴幼儿的皮肤过于柔嫩，用蜂胶治疗婴儿皮肤病时，也只能使用非常稀薄的蜂胶液。否则，会对皮肤产生一定的伤害。对于 15 岁以下的儿童，使用蜂胶治疗疾病时，应减至成人用量的一半为好。另外，孕妇不宜服蜂胶产品，以免服后影响胎儿的健康发育。

蜂胶属于天然产品，它本身就是许多种成分的大融合，正因为如此，蜂胶几乎可以同任何天然的、人为加工的食品、保健品一起食用。

中药本身就是一种纯天然产物，蜂胶与其同时服用一般不会产生什么不良反应，甚至蜂胶还可以帮助中药发挥更好的治疗作用。因此，蜂胶与中药一起食用没有任何问题。

西药的特点是单一集中、治病效果比中药强且快。更重要的是，西药都是人工合成的产品，往往都有一些毒副作用。由于蜂胶有加强药效的作用，如果和西药一起服用，蜂胶就有可能加强西药的药效（包括它的毒副作用）。因此，对于毒副作用较大的西药，最好还是与蜂胶分开服用为好，一般间隔半小时以上即可。

对于糖尿病患者，如果把蜂胶与西药一起服用时，约 1/3 的患者血糖下降很快。在这种情况下，需要糖尿病患者每天注意血糖变化情况，适时减少西药的用量。

蜂胶性平无毒，可以长期服用。只有坚持服用，才能显现保健效果。如"三天打鱼，两天晒网"，则效果要差。

五、蜂毒

蜂毒是蜜蜂蜇针器官毒囊分泌的具有芳香气味的液体，蜜蜂蜇人时从贮毒囊中经蜇针排出注入皮肤，刺激性很大，产生烧灼感疼痛。蜂群中工蜂和蜂王有蜇针，雄蜂无蜇针。工蜂失掉蜇针及毒囊后，不久即死亡。

蜂毒含有若干种多肽、酶、生物胺、胆碱、甘油、磷酸、蚁酸、脂肪酸、脂类、碳水化合物和 19 种游离氨基酸等。蜂毒的主要有效成分为蜂毒溶血肽、蜂毒神经肽、磷脂酶 A、透明质酸酶、多巴胺和组织胺等。

蜂毒临床应用于治疗风湿性关节炎、神经官能症、神经炎、神经痛（如坐骨神经痛、三叉神经痛等）、高血压、妇女更年期综合症、支气管哮喘、肝脏病等。需要指出的是，有一些疾病是禁忌用蜂毒治疗的，例如性病、代偿失调期的心血管系统疾病、严重的传染病、肾病、糖尿病、胆囊炎、全身虚弱以及中枢神经系统的器质性疾病。此外，还有一些病人对蜂毒有过敏反应。因此，使用蜂毒治疗一定要在医生的指导下进行。

蜂毒能引起过敏反应，甚至引起过敏休克，虽然过敏者极少，但临床上有过。因此在实行蜂蜇疗法、蜂毒注射、蜂毒吸入、蜂毒外用之前，必须作皮肤敏感试验，要和注射青霉素同样看待，不可有半点疏忽。对于敏感的人应备用抗过敏药物（常用的有扑尔敏、苯海拉明、息斯敏等）及必要的医疗器械，以便紧急时应用。

六、蜂蛹虫

蜜蜂是全变态昆虫，其蜂王、雄蜂和工蜂的个体发育都是经过卵期、幼虫期、蛹期和成虫 4 个阶段，4 个发育阶段在形态上完全不同，各有其特点。这里所说的蜂蛹虫指的是幼虫期、蛹期和成虫 3 个阶段蜜蜂发育的营养体，即蜜蜂幼虫、蜂蛹和蜂成虫（蜜蜂体）。

（一）蜂蛹虫的主要成分

蜜蜂幼虫是指蜂王幼虫和雄蜂幼虫。蜜蜂幼虫的化学成分很复杂，据分析蛋白质 20%，脂肪 7.5%，碳水化合物 20%，微量元素 0.5%，水分 43%，还有灰分。此外，还含有大量的维生素和氨基酸。据研究，蜜蜂幼虫含有 17 种氨基酸，并含有人体所必需的 8 种氨基酸。新鲜的蜂王幼虫所含成分与王浆相近，据科学家分析，蜂王幼虫含有高蛋白、多种氨基酸、丰富的矿物质、维生素、酶及多种对人体生理机能具有明显调节功能的生物活性成分。美国霍金和马塔斯莫拉报道，蜂王幼虫维生素 A 仅次于鱼肝油，大大超过牛肉、鸡蛋，维生素 D 分别为鸡蛋黄和鱼肝油的几十倍至上千倍。

雄蜂蛹是含有高蛋白、低脂肪、多种维生素和微量元素的理想营养食物。据分析，雄蜂蛹含蛋白质 20.3%，脂肪 7.5%，碳水化合

物 19.5%，灰分 9.5%，微量元素 0.5%，水分 42.7%。蜂蛹的营养价值不低于蜂花粉，尤其是维生素 A 的含量大大超过牛肉，蛋白质仅次于鱼肝油，而维生素 D 则超过鱼肝油 10 倍。

蜂成虫的营养成分，据分析测试，蛋白质含量高达 30%～72%，并且氨基酸的种类齐全，达 17 种以上，多种矿物质，总量为 39.99%，蜂成虫体中维生素含量很高，尤以 B 族维生素含量最为丰富，还含有大量维生素 A 等。

（二）蜂蛹虫的用途

蜜蜂幼虫是营养价值极高的滋补保健品，其食疗作用主要有：增强体质，改善神经系统功能，助长儿童正常发育，提高智力，促进消化机能的恢复以及身体虚弱、疲乏无力、营养不良、病后或手术后的恢复，对婴儿、老人以及经常需要滋补复壮的人有较好的作用。

蜂王幼虫为一种高级营养品。在南美，人们将幼虫组织捣碎，加入些食盐，稍加调制便可制成美味可口的营养佳品。在亚洲地区有许多人将其与蜂蜜混合，制成食品来出售，或将蜂王幼虫放入白酒中浸泡，然后饮用。

蜂蛹是一项亟待开发并具有潜在效益的蜂产品。食用雄蜂蛹对机体各组织器官有保健作用。雄蜂蛹用于临床辅助治疗疾病，功效与蜂王幼虫相似，对肝脏、心血管、脑血管、神经衰弱、小儿缺钙、男女性功能衰退等疾病都有一定的辅助治疗作用。

当今，国际市场流行昆虫食品，其中蜂蛹是炙手可热的一种。日本的"蜂酥点心""蜂蛹罐头"，美国的"虫蛹饼干"，意大利的"蜂胚力克"都是近年在欧美和日本等国家风靡一时的食品。纽约、东京、神户等大都市的厨师还用煎、炒、蒸、炸等十八般厨艺，炮制出"蜂蛹全宴"，倾倒了美食家。

成年蜜蜂全虫可入药。中国民间流传着蜜蜂内服或外用治疗风湿病、妇科病、哮喘、佝偻病和支气管炎等验方。明代医籍《赤水玄珠》记载了用蜜蜂配方治疗淋巴腺结核，等等。

七、蜂巢

蜂巢是蜜蜂栖息、繁育后代和贮备饲料的场所，由若干巢脾构成。蜂巢是蜜蜂自身的产物，是一种特殊的蜂产品，是多种蜂产品复合制剂的载体。蜂巢具有相当复杂的营养成分。

蜂巢的化学成分很复杂，主要含有蜂蜡、树脂、油脂、色素、鞣质、糖类、有机酸、脂肪酸、甙类、酶和昆虫激素等。

隔王板赘蜡巢蜜

工蜂将酿制成熟的蜂蜜存在巢房里，

以这种天然包装供食用的蜂蜜叫巢蜜。人们在食用巢蜜嘴嚼巢房时发现鼻炎病症得到改善（可取略带蜂蜜的巢脾 10 ～ 15 克，置口内细嚼慢咽，每次嘴嚼 30 分钟，然后将剩余渣滓吐出，每日两次，需连续用 10 ～ 15 天，治疗鼻炎效果明显）。在用蜂巢治疗鼻炎过程中，并发肝炎者症状好转，因此人们又发现蜂巢对肝炎的疗效。

实验证明，蜂巢浸液既对乙型肝炎表面抗原有灭活作用，也对金黄色葡萄球菌、绿脓杆菌、大肠杆菌、痢疾杆菌、伤寒杆菌和部分病毒有抑制作用。据《中医蜂疗学》文献介绍，王金庸、王润洁临床用蜂巢制剂治疗高胆固醇血症 50 例，经 1 个月治疗观察，有效率达 100%。除此以外，蜂巢制剂对支气管炎、胃病、流行性腮腺炎、前列腺增生、阳痿、遗尿、风湿性关节炎和类风湿关节炎等也有一定的疗效。

第三步

了解一些蜂产品偏方

蜂产品在民间疗法中广泛应用，笔者将实用方便、疗效显著的绝妙偏方，整理成篇，以飨读者。

一、内科

1．感冒、流行性感冒

【处方一】

每日早、中、晚空腹服鲜王浆，每次 10 克或 5 粒王台王浆，以温蜂蜜水送服。本方适用于感冒患者。

【处方二】

每日早、晚空腹服鲜王浆，每次 5 克或 3 粒王台王浆，坚持服用，可预防感冒、流行性感冒。

【处方三】

每日 2～3 次，每次 5～10 滴蜂胶液。本方适用于预防感冒。

2．气管炎、哮喘

将 5000 克蜂蜜与 2000 克王浆调配均匀，每日口服 3 次，每次 15 克，用温水服下；也可每日早晚各服一次，每次 10 克。

3．咳嗽

【处方一】

将生姜 50 克洗净捣烂取汁，加蜂蜜 150 克，盛于瓷器中调匀，隔水炖 8 分钟，使溶液热度达 60℃，早晚 2 次。

【处方二】

用 500 克蜂蜜与 500 克醋（优质品）混合均匀，每日口服 3 次，每次 25 克，温水服用。

【处方三】

取熟猪油、蜂蜜各 120 克。先把猪油入锅中文火煮沸后，倒入容器中，随后加入蜂蜜搅拌均匀，备用。每天早、晚各取 20 克，温开水服。一剂服完即愈。服用期间，忌食葱、辣椒、蒜、豆腐等。

4．肺炎、咳嗽

取鲜藕汁 25 克，蜂蜜半汤匙，芝麻油 3 滴一起搅匀，一次服下，一日 2 次，连服 2 ～ 3 天，疗效显著。

5．咳喘

百合 20 克，蜂蜜 20 克，水适量，隔水炖之服食。主治干咳无痰者。

6．胃、十二指肠溃疡

每日早晚饭前取 1 杯温开水，加入蜂胶液 6 ～ 10 滴，摇匀后饮用。

7．胃炎、胃痛

将鲜王浆 500 克和蜂蜜 1500 克按 1 ：3 的比例混合搅拌均匀，

每日早晚各服一次，每次 10 克左右，连续服一个月。本方适用于慢性胃炎，长期服用能够消除腹胀感觉，使食欲增强。

8．肠炎

用新鲜丝瓜花粉和蜂蜜以 1 ：2 的比例配成花粉蜜，每天早晚各服一次，每次 15 ～ 20 克，用温开水冲服。本方适用于慢性肠炎。

9．肠炎、腹泻、痢疾

【处方一】

将蜂蜜 40 克用凉开水冲服，每天 3 次，最好在饭前一小时或饭后 2 ～ 3 小时服用。小儿用量酌减。本方适用于肠炎、腹泻、痢疾、伤寒等疾病。

【处方二】

日服蜂胶液 3 次，每次 5 ～ 10 滴，加适量温蜂蜜水送服。

10．食欲不振、消化不良

【处方一】

口服鲜王浆，分早晚 2 次空腹服，每次 10 克或王台王浆 5 粒。

【处方二】

日口服蜂王幼虫 2 次，每次十几只，用温开水送服。

【处方三】

将鲜雄蜂蛹 20 克研磨成泥状，加入到已煮沸过的温鲜牛奶中拌匀，再加适量蜂蜜，日服一杯。一般服用一周后便可见效。

11．脾胃虚弱

先将鲜王浆 100 克加少许温开水细细研磨，然后加入到蜂蜜 500

克中，搅拌均匀后装瓶，放冰箱保鲜层或阴凉处贮藏，每日早晚各服一次，每次服 30 克，或每日早晚各服 1 次，每次 10 粒王台王浆。

12．便秘

【处方一】

用煮熟的香蕉一碗，去皮后加入蜂蜜 25 克吃下，每日一次，一次见效，3 日可愈。服用时忌食田螺、洋葱。本方适用于大便燥结、排便难或几天无大便的便秘患者。

【处方二】

先将精盐 5 克用水溶化，加入 50 克蜂蜜搅匀，每日早晚各口服一次。本方适用于体虚便秘而不宜服强泻药者，对老人、孕妇最为适宜。

13．肝炎

将鲜王浆 50 克和蜂蜜 300 克混合拌匀，日服 2 次，每次 10 克，或每日服 2 次，每次 10 粒王台王浆，早饭前 1.5 小时或晚饭后 2 小时服用。

14．心脏病

从蜂群中取出花粉脾，用弯头不锈钢镊子挖出巢房中的蜂粮适量，加少许水稀释，再与蜂花粉 400 克拌匀，使蜂花粉变湿盛于罐头瓶中，密封置于室内温暖处，待几日发酵略变酸即可服用。每日空腹服 3 次，每次一匙。

15．动脉硬化

【处方一】

口服鲜王浆，每日一次，早饭前或晚上睡觉前服用，每次 6 克或每日 5 粒王台王浆。本方适用于动脉粥样硬化的预防和辅助治疗。

【处方二】

日服蜂花粉 2 次，早饭前与晚饭后服用，每次 15 克，用温开水送服。本方适用于动脉硬化及由此引起的其他疾病。

【处方三】

取蜂蜜 30 克，鲜西红柿 2 个。把西红柿洗净，切成厚片，置碗中，加入蜂蜜拌匀，腌 1 ~ 2 小时，待西红柿汁大部分浸出时即可。饭后当水果吃，分 2 次食用。

16．高血压

【处方一】

将蜂胶略微加热至软，然后分割，揉成黄豆粒大小丸。日服 3 次，每次 2 粒，30 日为一个疗程。

【处方二】

早晚空腹含服鲜王浆，日服用量 15 克或王台王浆 8 粒。

17．低血压

将冷冻的王浆或鲜王浆取出 80 克，装入玻璃广口瓶内，放入冰箱保鲜层内，每日早晚各服一次，每次 4 克。80 克服完后，再取 80 克王浆装入广口瓶内，放入冰箱的保鲜层中待用。或将鲜王浆、花粉和蜜按 1：3：10 的比例配制一起，早晚各服 15 克。

18．神经衰弱、失眠健忘

【处方一】

口服鲜王浆，早晨空腹服一次，重症者晚睡觉前可加服一次，每次 5 ～ 10 克或 3 ～ 5 粒王台王浆。

【处方二】

将鲜王浆 500 克与成熟蜜 1000 克混合拌匀，日服 2 次，每次 30 克，以温开水调服。本方适用于失眠、健忘、多梦患者。

19．神经官能症、神经功能失调

长期每日早晚各服王浆 5 克或王台王浆 3 粒。本方适用于神经功能失调症。坚持服用，逐渐使人感到身心轻松，焦躁或恍惚感消除，病情减轻或治愈。

20．肾盂肾炎、膀胱炎

【处方一】

口服，早晚各服王浆 10 ～ 15 克或 5 ～ 10 粒王台王浆。本方适用于急性肾盂肾炎引起的排泄功能不正常、水肿、呕吐等症。

【处方二】

口服，每日 2 次，每次 8 克蜂花粉，温开水送服。

21．前列腺炎

【处方一】

将 1000 克纯油菜花粉和 2500 克优质蜂蜜混合，搅拌均匀后存放一周，待花粉粒化解后，每日早晚空腹服用，用温开水冲调一汤匙。一个月为一疗程，一般需服用 3 个疗程。

【处方二】

将鲜王浆用温开水调配成 1% 的溶液，冰箱保鲜层贮存，每日

口服 2 次，每次 20 ～ 30 毫升。也可直接口服王浆，早晚空腹各一次，每次 5 克或王台王浆 3 粒。

22．前列腺增生

【处方一】

每天用 100 毫升温开水把 6 克左右的蜂花粉冲开，再加入 25 克左右的蜂蜜一同服下，连续服用效果好。

【处方二】

准备一个盛 2000 克左右物品的容器，要求有盖。把 500 克柿饼切成细条或片，倒入容器内，然后加入蜂蜜 1500 克，浸泡 10 天左右开始服用。每天服用 3 次，每次服 50 克左右的蜂蜜柿饼，用温开水送服。

23．男性性功能障碍

【处方一】

将鲜王浆 1500 克细细研磨后与蜂蜜 1500 克混合拌匀，装瓶放阴凉处或冰箱保鲜层贮藏备用。每日早饭前和晚饭后 30 分钟各服一次，每次服 10 克，一个月为一个疗程。本方适用于因疲劳和大脑处于高度紧张而引起的性功能减退所产生的阳痿、早泄等。一般服用一个疗程后见效，两个疗程后效果显著。

【处方二】

将蜂王幼虫 300 克研碎后与白酒 500 克混合,密封 10 日后备用。日服 3 次，每次 30 ～ 50 克，15 日为一个疗程。本方适用于阳痿等性功能障碍病症。

24．男性不育症

【处方一】

将雄蜂蛹 500 克洗净研碎成泥后浸入米酒 1000 克中，每日摇动数次，密封 15 日。日服王浆 2 次，每次 10 克，同时男性患者每日早、晚各饮蜂蛹浸液 20 ～ 30 毫升。6 个月为一个疗程。

【处方二】

日服蜂花粉 3 次，每次 15 ～ 20 克，以温蜂蜜水冲服。60 日为一个疗程。本方适用于男性不育症患者。

25．阴茎生疮

取甘草 10 克，水煎 20 分钟后去渣，浓缩成 15 毫升。再加入蜂蜜 85 毫升，煎热，装入有色瓶内。用生理盐水清洗患处，再涂以药液，日涂 10 余次。安全、无毒副作用，适宜家庭自疗。

26．肾虚精亏，气血虚弱

【处方一】

将蜂花粉 100 克去杂质、磨碎，与白糖 50 克搅拌均匀，然后再加蜂蜜 200 克搅拌均匀，放入锅内隔水快速加热，半分钟左右取出装瓶即成。日服 2 次，每次 20 克，可直接食用或放在点心上食用。本方适用于精血不足、体弱多病，久病不愈者，也可用于健康者防病养生。

【处方二】

取适量食盐和雄蜂蛹一汤匙拌和，2 根葱切成细丝，一片姜切成碎末。动、植物油一汤匙入锅热熟后，加入葱煸炒几下，加入雄

蜂蛹和姜末,煸炒到微黄时出锅。每周食用 2 ~ 3 次。本方益肾壮阳,强筋壮骨,适用于肾虚等症。但注意不可多食,多食会引起头昏。

【处方三】

取新鲜的健康蜂成虫体焙干研末或油炸后服用。日服 2 次,每次 2 ~ 5 克,温开水冲服。本方适用于祛风补虚、轻身益气、增进食欲、提高性欲、加速病后康复等。

27．糖尿病

【处方一】

直接空腹口服鲜王浆,1 日 2 次,每次 5 ~ 10 克或 3 ~ 5 粒王台王浆,连服 30 日为一疗程。

【处方二】

将蜂胶液 1500 克与蜂花粉 500 克混合,浸泡 3 日后服用,一日 3 次,每次服 3 ~ 5 克,另日服王浆 10 克或王台王浆 5 粒。

28．风湿病、关节炎

【处方一】

局部皮肤消毒后,用镊子挟着蜜蜂,对准穴位或痛点(多用肾俞、大椎及痛点),蜜蜂则自然将尾针刺入,一般留针 15 分钟后将刺拔出。最初治疗蜂量一般由 1 ~ 2 只开始,每天增加一只,以后所用蜜蜂只数视病人体质和病情而定,每天 8 ~ 15 只。每天或隔日治疗一次,15 次为一疗程。

特别提示:本书中所涉及的蜂胶和蜂螫(蜂毒)处方,必须先做过敏试验,无过敏者才能采用。

【处方二】

早晚服王浆各一次，空腹服用，每次 4 克或王台王浆 3 粒。本方适用于多年不愈的风湿性关节炎、脊柱型关节炎等。

【处方三】

早饭后服用蜂花粉 15 克。本方适用于变形性关节炎等。此病非常痛苦，每个关节都疼痛剧烈，严重的关节变形丧失劳动能力。服用花粉可使疼痛消失，还可软化僵硬的关节。

29．肿瘤病症

【处方一】

直接含服鲜王浆或冻干粉，也可配蜂蜜等服用，早晚各一次，每次 10 克以上，或 5 ～ 10 粒王台王浆，长期坚持连续服用。本方适用于肺癌、肝癌等各种癌症的辅助治疗和预防。

【处方二】

口服，一日 2 次，每次取王浆 15 克或王台王浆 5 ～ 10 粒、蜂花粉 5 克、蜂胶粉 1 克,3 味混合后以温开水送服。本方适用于肝癌等。

30．营养不良、水肿

日口服王浆 3 次，每次 5 克或王台王浆 3 粒，温开水送服。本方适用于营养不良及营养不良性水肿。一般服用此方一周后，可使乏力、四肢麻胀感、食欲不振及水肿等症状减轻或消除。

31．戒烟

取西瓜一个，切成两半，挖松其中半个西瓜的瓜瓤直至瓜皮，再把 400 克纯蜂蜜倒入挖松的瓜瓤内，最后放入烤箱内用 150℃的温度烤 2 分钟,冷却后即可食用。每天食一汤匙,连食一周可除烟瘾。

二、外科

1. 烧伤、烫伤

将优质蜂蜜、鲜王浆拌匀,涂抹患部。日涂 2 ~ 3 次。一般轻度烧伤、烫伤 10 日左右便可痊愈。

2. 跌打损伤

【处方一】

先将患处处理干净,然后在伤处涂上鲜王浆,1 日 2 ~ 3 次。本方适用于刀砍伤、跌伤等。

【处方二】

在肌肤受到刀割、划破、跌打等出血性损伤时,用消毒棉蘸取蜂胶液直接涂抹患处,可立即止血,伴有短暂刺痛感。这时可以进行伤口清洁,然后再涂抹一层,即可包扎。如果仅是表皮擦伤可不用包扎,每日用蜂胶液擦一次。

【处方三】

将鲜蜂王幼虫 150 克研碎,取碎末适量涂于伤口处,用纱布包好。次日洗掉重新涂。本方适用于皮肤创伤,一般轻者 3 ~ 5 日便可痊愈。

3. 冻伤

将鲜王浆 100 克与普通雪花膏 100 克调和在一起拌匀,涂擦患处,每日早晚各一次。

4．蚊虫叮咬

将蜂胶液直接涂于患处，本方止痒、消肿。

5．止痒

在蜂蜜中加 2 倍温水，涂擦于患处。

6．皮肤过敏、皮炎

用鲜王浆均匀涂擦，每日 3 次。

7．皮肤顽癣

洗净患处，涂擦鲜王浆一层，每日 4 ~ 5 次。

8．蛇串疮（带状疱疹）

取鲜王浆涂抹患部的水泡。一日一次，待水泡结痂后即停止涂抹，涂抹期间注意保持患部周围皮肤干燥。

9．痱子、脓性痱子

取适量鲜王浆涂擦患处，每日早、中、晚各一次，涂擦 10 分钟后洗去。一般 3 ~ 5 日后便可治愈。

10．手足开裂（皲裂、粗糙）

生羊油或猪油 50 克，加蜂蜜 15 克，捣匀涂抹手脚，一日 2 ~ 3 次，一般 7 天可愈。

11．颈痈（后颈部疔肿）

取蜂蜜、大葱各 80 克。先把大葱切碎入药钵中捣烂，加入蜂蜜调匀成软膏，敷于患处，外包消毒纱布，患处随即产生一种冰凉的舒服感。每日一次。本法安全、无毒副作用，适宜家庭自疗，对治疗疔疮痈疖、蜂窝组织炎均有良好效果。本法只宜外治，切忌内服。

12．痔疮

将蜂胶粉混入麻油，制成软膏，抹在患处，每日 2 次。本方适用于治疗内痔、外痔。

三、妇产科

1．月经不调

【处方一】

将鲜王浆 100 克与蜂蜜 300 克混合拌匀，日服 3 次，每次 10 克。本方适用于月经不调、痛经患者等。

【处方二】

将蜂花粉直接用温开水送服或拌入蜂蜜中服用。日服 2 ～ 3 次，每次 5 ～ 10 克。

2．子宫肌瘤、子宫癌

【处方一】

直接口服纯净鲜蜂胶，1 日 1 次，每次 1 克。本方适用于子宫肌瘤患者。本病是常见女性生殖器良性肿瘤，患者年龄多在 30 ～ 50 岁。

【处方二】

每日服蜂胶液 3 次，每次 10 ～ 15 滴。王浆和蜂蜜混匀制成王浆蜜，每日早、中、晚空腹服用，每次 15 ～ 20 克。本方适用于子宫癌。

3．更年期综合症

【处方一】

口服，早饭前、晚饭后用温开水送服，每次 3 克鲜王浆或 3 粒王台王浆；另外取鲜王浆 1～2 克，置于掌中，加少量温水，用双手掌调匀，涂抹在面部、腹部或腿部的皮肤上，然后用手掌轻拍皮肤，直到皮肤干爽为止，一日 2 次。

【处方二】

将蜂花粉用温开水送服或拌入蜂蜜服用。日服 2～3 次，每次 5～10 克。

【处方三】

取蜂蜜 150 克，干百合 120 克。先把百合研末，过筛，与蜂蜜一起放入大碗中调匀，隔水蒸一个小时，微温后分 2～3 次服食，每日 1 剂。连服 3 天即见效，15 日而愈。

4．妊娠呕吐

取蜂蜜 150 克，新鲜胡萝卜 300 克。先把胡萝卜洗净，切成细丝，放入沸水中烫 2 分钟后捞出，晾干后再入锅中，加入蜂蜜，小火煮热即可，待温热时服。每日一剂，分 2～3 次服，一剂服完即见效，连服 3 剂，直至生产亦未复发。本法安全，无毒副作用。

5．乳头裂

取硼砂 30 克，蜂蜜 30 克。把硼砂研末，过筛，加入蜂蜜，调匀成糊状，备用。使用时，先用棉签蘸双氧水把乳头擦洗干净，再用棉签蘸药膏涂于患处，用干净纱布遮盖，每日换 3～4 次，5 天愈。治疗期间，忌食大葱、洋葱、豆腐、大蒜、辣椒、烟酒等辛辣刺激物。

6．乳腺炎

【处方一】

生石膏 30 克，野菊花 30 克，生蒲公英 30 克，蜂蜜适量。先把生石膏、野菊花、生蒲公英一起捣碎为糊状，再加入蜂蜜调成膏状，备用。使用时按痈肿大小敷于患处，每日一换，3 天即见效，5 天而愈。本方安全，无毒副作用。

【处方二】

取新鲜蜂蜜直接涂在乳房肿胀部位皮肤上，用湿热毛巾（以不烫手为度）热敷涂有蜂蜜的皮肤，毛巾稍凉后，再涂再敷，每次 10～20 分钟。2～3 次后，可见局部出现褶皱，胀痛减轻，间隔 30 分钟，再敷数次，肿块即可消散。此单方只适用于病程 7 天以内，体温低于 38.5℃的患者。

【处方三】

蜂房 6 克，金银花 15 克，丝瓜络 15 克。水煎，分早、中、晚服，另将药渣再次煎成浓汁，并趁热熏洗患处，连续使用数日，直至痊愈。本方适用于产后乳腺炎。

7．产后风及后遗症

老蜂巢脾 15 克放搪瓷锅或砂锅（勿用铁锅）中，加水 300 克，文火煎沸 20～30 分钟，至余下 200 克为止，滤取蜂巢液，趁热服下。同时用红糖 50 克加水溶解口服。每日睡前服用，连服 3～7 日，

病程长者为巩固疗效可多服几日。本方适用于产后风及产后受凉引起的后遗症,诸如头痛、小腹痛、肩周痛及腰酸腿痛等。服前先解大、小便,服后避风出汗,前后 3 日勿服其他药物,忌服刺激性食物。

四、小儿科

1．小儿感冒、发烧

【处方一】

将蜂蜜 50 克、凉开水 50 克搅拌均匀,连喂数次。本方适用于小儿发烧。

【处方二】

蜂蜜 40 克,花生仁 30 克,大枣 35 克。将 3 味加入适量水炖一个半小时,喝汤。本方适用于小儿感冒、久咳不止。

2．小儿咳嗽

蜂蜜 60 克,鸭梨 1 ~ 2 个。梨洗净,削去外皮,挖洞去核装入蜂蜜后,盖严隔水蒸热,趁热食用,每日 1 ~ 2 次。

3．小儿哮喘

取新鲜蜂王幼虫 10 克研成浆与枇杷蜂蜜 10 克混匀,吞服。视年龄大小,日服 10 ~ 20 克,分早晚 2 次空腹服用。发病期可在午饭前加服 1 次。连服 10 日为 1 疗程。一般 2 ~ 4 个疗程即可治愈。

4．小儿黄疸型肝炎

日服鲜王浆 2 次,每次 2.5 克或王台王浆 1 ~ 2 粒,用温开水稀释后口服。

5．小儿营养不良

早晚空腹服用王浆，每次 0.5 ～ 1 克或王台王浆半粒，温开水或蜂蜜水送服。本方适用于久病虚弱，缺乏营养以及早产婴儿等小儿营养缺乏发育不良者。

6．小儿遗尿症

每日早晚取蜂蜜一匙，用适量温开水冲服，或用牛奶冲服。连服 500 ～ 1000 克。

7．小儿腮腺炎

取赤小豆约 70 粒，捣碎，加入蜂蜜适量，调成糊状，摊在干净纱布上，敷于患处。当天即消肿痛，烧退。第二天续用一剂，即可痊愈。本方适用于轻度患者。

8．小儿中耳炎

将蜂胶 50 克研碎后浸入 75% 酒精 300 毫升中，每日摇动数次，密封 15 日后过滤除渣，配成蜂胶液。取小吸管吸少量蜂胶液，缓慢吹入耳内。一日 2 次，连用 3 日。

9．小儿鹅口疮

蜂胶液 15 滴，蜂蜜 100 克，蒸馏水 50 克。将蜂胶液加水搅匀后，再加蜂蜜调匀。在喂奶前半小时涂用，每日 3 次，3 ～ 5 日可治愈。本方适用于小儿鹅口疮。本病为婴幼儿常见的真菌性口腔炎，其特征为小儿口腔、舌上满布白屑，状如鹅口。

五、五官科

1．红眼病

先将手洗干净，用筷子蘸蜂蜜滴在右手食指上，然后涂抹在眼的两角，眼睛的眨动使蜂蜜敷在眼球表面，不一会双眼感到火辣辣的，会同时从眼里流出眼泪，顿时双眼便觉清爽、舒适。往眼里涂抹蜂蜜，稍有刺激便闭上眼睛，然后用温水洗掉，一天分早、中、晚 3 次。两三天后眼睛便不痒也不痛了。

2．干眼症

鲜王浆 5 克或王台王浆 3 粒，纯油菜蜜 36 克，蒸馏水 110 毫升。将 3 者充分混合搅拌均匀，然后低温消毒，装入眼药水瓶中备用滴眼。

3．角膜炎

取蜂花粉一份，加蜂蜜 3 份拌匀，日服 1 ～ 2 次，每次 1 汤匙，以温开水冲服。

4．口腔溃疡

【处方一】

先用清水漱口后含上 1 匙蜂蜜 1 ～ 2 分钟，反复 2 ～ 3 次, 2 ～ 3 天便可见效。

【处方二】

空腹口服王浆，早晚各 1 次，每次 3 ～ 5 克或王台王浆 3 粒；另外，先以清水漱口，取少许王浆涂于患处，30 分钟后洗去重涂。日涂 3 ～ 5 次。

5．口角炎

将蜂蜜 10 克与维生素 B_2 2 毫升混合，外涂患处。本方适用于口角炎，对嘴唇干裂也有效。

6．牙周炎

取鲜王浆涂患处，一日多次。

7．牙痛

用脱脂棉蘸蜂胶液涂于牙痛处，1 ～ 5 分钟即可解痛,严重者早、中、晚各涂 1 次。

8．中耳炎

把鲜蜂胶 150 克加入到 95% 医用酒精 500 毫升中，密封，每日摇动数次，7 日后，用多层纱布过滤即得蜂胶液，用此液滴耳，每次 1 ～ 2 滴，一日 2 次。还可以用药棉蘸药液涂擦患处，早、晚各一次。

9．鼻炎

将老蜂巢脾切割成 9 平方厘米的小块，用水冲洗干净，每日早、晚各咀嚼一块，待咀嚼后吐出蜡渣。本方适用鼻炎患者，对用其他药物治疗不佳的患者，用此方后鼻炎有明显好转。

10．咽喉炎

【处方一】

将适量茶叶用纱布袋装好，加开水沏泡，稍凉加蜂蜜 10 ～ 15 克搅匀漱口，并口含片刻，然后缓慢咽下，每日 5 ～ 7 次，每次 1 杯。本方适用于咽喉炎、咽喉肿痛、红痒。

【处方二】

用蜂胶液滴咽喉，每次 2 滴，每日 3 次。还可以将蜂胶液加入温水中，用其水溶液含漱咽喉，一日 2 ～ 3 次。本方适用于慢性咽炎。

六、美容、养生

1．除面部色素斑

鲜西红柿汁与蜂蜜按 2：1 混合，涂面部，过 10 分钟后洗净，连用 10 ～ 15 日，能将黑色素分解，皮肤变白红润。

2．除皱祛斑，养颜美容

每日口服蜂花粉 3 次，每次 10 ～ 15 克，以温蜂蜜水或奶送服。本方长期坚持服用，能够明显地减少面部皱纹，消除雀斑、黄褐斑、蝴蝶斑、老年斑等，适用于润肌嫩肤、除皱祛斑、养颜美容。

3．痤疮（粉刺）

将蜂胶液 15 毫升加入到蜂蜜 150 克中拌匀，每次服用 1 汤匙，每日 3 次。在每晚临睡前，将面部清洁干净，用干净的棉签蘸取此液涂于患处。

4．脱发

王浆一汤匙（约 5 克）或王台王浆 3 粒，蜂蜜 2 汤匙，放入杯中，用温开水冲服，早饭前、临睡前各一次。本方适用于脱发及白发。

5．提高免疫力、强身健体

【处方一】

日服鲜王浆 2 次，每次 5 ～ 10 克或王台王浆 3 ～ 5 粒，早晚

空腹舌下含服，长期坚持。本方适用于调节新陈代谢，提高身体免疫力，强身健体。

【处方二】

将蜂王幼虫泡酒或将幼虫挤碎取汁与蜂蜜混合服用，日服2～5克。

【处方三】

将雄蜂蛹虫捣碎，兑入蜂蜜搅匀，日服2次，每次5～10克。本方适用于益气补阳，增强免疫功能。

6．健脑益智

早、晚空腹舌下含服，每次5克王浆或3粒王台王浆，长期坚持。本方适用于补脑、健脑，对脑力劳动者效果尤佳。

7．抗老防衰，延年益寿

【处方一】

王浆2克或王台王浆1～2粒，蜂蜜50克，鲜芹菜汁200克。将王浆加少许温开水研磨，加入蜂蜜调匀后，再加入芹菜汁拌匀即成。日服一次，每次15～30克。本方适用于健康人群日常养生保健。

【处方二】

日服蜂花粉3次，每次空腹以温开水送服10克，常服。本方适用于预防早衰。

8．抗疲劳

早晚各服王浆10～15克或王台王浆8粒。本方适用于疲劳，此症是由工作紧张、生活无规律引起的，服用本方，即可使疲劳症状很快消失。

专利产品

新型塑料王浆框

目前，蜂农养蜂生产王浆用的王浆框，一般均为木制品，即用钉子将多根木条组合起来，在其边框上设置有王浆条的安装插槽。使用中将王浆框挂于蜂箱内，待王浆条上的台基积满王浆后，需将王浆框取出蜂箱，然后再将王浆条拉出王浆框的插槽取浆，待取完浆后，再将王浆条安装于插槽。如此反复操作，由于王浆框是由木条钉制而成，极易造成王浆框变形、损坏，而且由于王浆框是木制品，也容易被潮虫损坏，增加蜂农的生产成本。

笔者通过多年生产王浆的实践，设计出一种新型塑料王浆框（专利号：ZL201020147477.X），包括边框及设置于边框上的王浆条插槽，特点是边框采用塑料整体压制而成。另外，塑料王浆框的两侧边框设置有一个以上（一般4个或5个）王浆条的插孔或插槽，尤其是采用安装插孔来安装王浆条，使用这种结构的塑料王浆框，取王浆时非常方便，蜂农仅需转动王浆条（可根据需要任意转动）即可取浆，大大提高了取浆的工作效率。

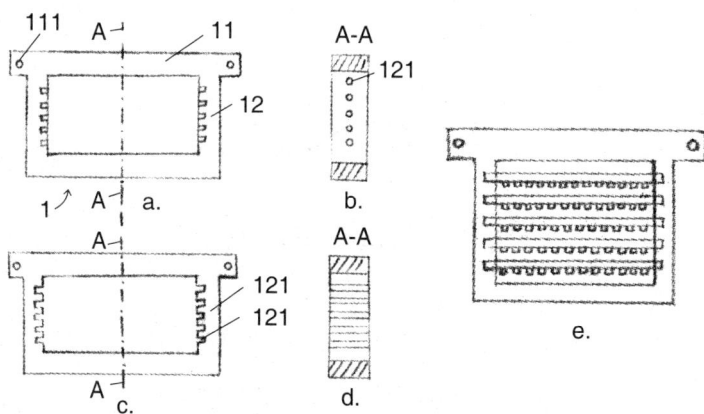

a. 平面示意图 b. a 的 A—A 剖视示意图 c. 设置有插槽的新型塑料王浆框平面示意图
d. c 的 A—A 剖视示意图 e. 插入王浆条的新型塑料王浆框平面示意图

图 1 一种新型塑料王浆框示意图

如图 1 中 a 所示，包括边框 1 及设置于边框上的王浆条插孔
121。边框 1 为采用塑料整体压制而成，其上边 11 两端部设置有悬
挂孔 111(将王浆框挂于蜂箱内转场用)，两侧边框 12 设置有 5 个
插孔 121，王浆条分别插入插孔 121 中。 蜂农取王浆时只需将王
浆框从蜂箱内取出，转动王浆条便可取出王浆。

如图 1 中 c 所示，新型塑料王浆框的两侧边框 12 设置有 5 个
插槽 121，王浆条分别插入插槽 121 中。蜂农取王浆时，将塑料王
浆框从蜂箱内取出，抽出王浆条便可取出王浆。

本文选自全国优秀农业期刊《蜜蜂杂志》 2010 年第 8 期

郭业寨

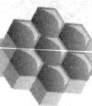

天然鲜王浆生产器

本实用新型专利涉及一种养蜂用具，具体涉及一种天然鲜王浆生产器（专利号：ZL201220183756.0）。

目前，蜂农采集王浆的操作过程通常包括以下步骤：第一步移虫——每个王台移入一日龄工蜂幼虫，哺育蜂就会向王台饲喂王浆；第二步下框——将移好虫后的王浆框放入箱内，每箱蜂放置一个浆框（一般4～5根浆条，根据需要放单排或双排王台在每根浆条上）；第三步抽取浆框——3天后把王浆框取出；第四步取出王浆虫，把王台内3～4日龄幼虫用镊子夹出，取出后就可以用取浆笔挖出王浆。

随着消费者对绿色、天然鲜王浆的消费需求，蜂农们通常直接将浆条上盛有王浆的王台卖给消费者，市场上现有的王台通常为一整体，上边排列1排或2排王台。但是在王浆的实际生产过程中，王台并非全部受浆，通常造成局部王台没有接受到王浆，在王浆生产过程中，出现空台现象，不但容易导致王浆生产效率低下，而且同时也会增加蜂农的生产成本。

本实用新型专利通过以下技术方案实现：天然鲜王浆生产器，用于接受蜜蜂生产的王浆，包括王浆框，王浆框上设置有浆条，浆条上设置有多个王台。所述各王台均为单个独立分体，各独立王台与浆条之间为活动连接。

本实用新型专利进一步技术改进方案是，所述各独立王台与浆条间活动连接的连接方式为接插式连接，所述浆条上设置有圆柱形凸台，王台上设置有与凸台形状、尺寸相匹配的孔槽。

所述浆条由木质材料，或为竹质材料，或为塑料材料制成；所述王台由塑料材料，或为蜡材料制成。如图 1 所示，本实用新型专利用于接受蜜蜂生产的王浆，包括王浆框 1，王浆框 1 上设置有浆条 2，浆条 2 上设置有多个王台 3，各王台均为单个独立分体，与浆条 2 之间为活动连接；各独立王台 3 与浆条 2 之间活动连接的连接方式为接插式连接，浆条 2 上设置有圆柱形凸台 21，王台上设置有与凸台 21 形状、尺寸相匹配的孔槽 31。

本实用新型专利与现有技术相比，具有以下明显优点：王台均为单个独立分体，且王台与浆条之间为活动连接，当蜂农发现其中有空心王台时可及时更换。选用的原生态天然鲜王浆在包装出售时均为有浆王台，不但提高了王台利用率，增加王浆产能，同时也降低了蜂农的生产成本，为规模化生产原生态鲜王浆创造了较好的条件，能及时满足广大消费者对于绿色天然活性鲜王浆的需求。

从事蜂产品生产和销售的业内人士都知道，王浆酸是王浆中最重要的成分，一直被作为衡量王浆质量及辨别其真伪的重要指标。我国王浆依赖出口，而外国从中国进口王浆的王浆酸指标要求在 2.0% 以上，中国国内一些王浆的王浆酸含量只有 1.7%，要想出口就必须从一部分王浆中提取王浆酸加入到另一部分王浆中，使其达到 2.0% 的指标。那一部分被提取过王浆酸的王浆就成了业内人士

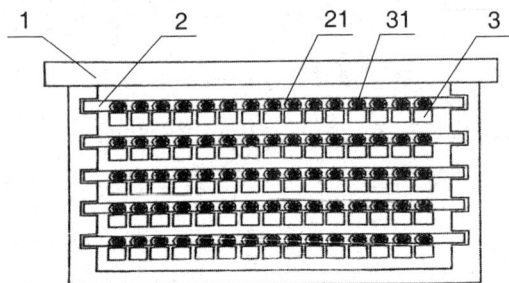

图 1　天然蜂王浆生产器的结构示意图

俗称的"过滤货"。有些不法商贩将王浆酸提取出来单卖，价格高达 2000 ～ 3000 元 / 千克，被提取后没有什么价值的"过滤货"则到了不明真相的消费者手中。

市场上一部分低价王浆的王浆酸含量非常低，另外有些蜂农不重视王浆的低温保存，出现劣质王浆，无疑给消费者利益带来了极大的损害。

天然原生态鲜王浆生产器，就可避免消费者买到"过滤货"或劣质王浆，这是因为每个独立王台口上有蜜蜂封好的蜡皮，王台内王浆有王浆幼虫。务必要求生产者从蜂箱里取王浆时，盛有王浆的王台连同蜡皮均原封不动，且须立即低温保存，不然王浆幼虫会在短时间内变黑，而低温保存好的王浆幼虫应是白色的，这样就让造假者无机可乘，让每一位消费者吃上放心、天然绿色健康的鲜王浆。

本文选自全国优秀农业期刊《蜜蜂杂志》 2013 年第 4 期

郭业寨

一款新型王台王浆生产器

王浆是哺育蜂咽下腺和上颚腺分泌的物质，是蜂王生命活动的主要食物，又称蜂皇浆、蜂王浆、蜂乳，是养蜂的主要产品之一。其成分复杂，是高级营养补品，用它来喂饲一个蜂群中的幼虫及所有的蜂王幼虫，同时也可用于治疗某些疾病。

随着消费者对绿色、天然王浆的消费需求，蜂农们通常直接将浆条上盛有王浆的王台卖给消费者。但是笔者认为，市场上现有的王浆生产器存在诸多弊端。其一，移虫步骤通过手工操作。蜂农用移虫针将小幼虫从巢房中取出，然后再放入王台中，不但劳动强度大，而且工作效率低。其二，王台通常为一个整体，上面排列一排或两排的王台。但是在王浆的实际生产过程中，总有局部王台没有接受王浆，导致空台现象经常发生。

笔者通过多年生产王浆实践，设计出一种新型王台王浆生产器（专利号：ZL201220269350.4），即王台内设置巢房，巢房上端进口为六边形，与自然界中的天然巢房相似，用隔王栅将蜂王控制在巢房内生产幼虫。由于巢房下部与王台相连通，幼虫在王台内，无需手工移虫，不但提高了工作效率，而且还大大降低了蜂农的劳动强度。

本新型王台王浆生产器中的王台均为单个独立分体，且王台与浆条之间活动连接，当蜂农发现其中有空心王台时可及时更换。不但提高了王台的利用率,增加王浆的产能,同时也降低蜂农生产成本。

如图 1 中 a、b 所示，本实用新型王台王浆生产器用于接受蜂王所产幼虫，幼虫接收完毕后，可直接接收工蜂生产的王浆，包括王浆框 1。王浆框 1 上设置有浆条 2，浆条 2 上设置有多个王台 3，各王台 3 均为单个独立分体，各独立王台 3 与浆条 2 之间为活动连接；王台 3 内匹配设置中空柱状巢房 4，巢房 4 上端面进口 41 呈六边形，巢房 4 下端面出口 42 伸入王台 3 内，巢房 4 为独立分体，或为整体，巢房 4 的间距与王台 3 间距相匹配；各独立王台 3 与浆条 2 之间为活动连接，连接方式为接插式连接；浆条 2 上设置有圆柱形凸台 21，王台 3 上设置有与凸台 21 形状、尺寸相匹配的孔槽 31。

如图 1 中 a、c 所示，本实用新型用于接受蜂王所产幼虫，幼虫接收完毕后，可直接接收工蜂生产的王浆，包括王浆框 1，王浆框 1 上设置有浆条 2，浆条 2 上设置有多个王台

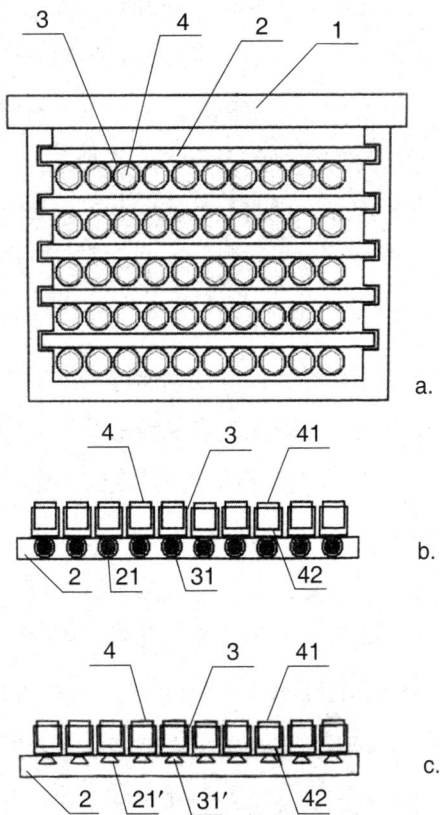

图1 一款新型王台王浆生产器示意图

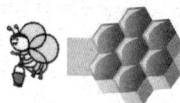

3,各王台3均为单个独立分体,各独立王台3与浆条2之间为活动连接,王台3内匹配设置有中空柱状巢房4,巢房4上端面进口41呈六边形,巢房4下端面出口42伸入王台3内,巢房4为独立分体,或为整体,巢房4的间距与王台3间距相匹配,各独立王台3与浆条2之间为活动连接,连接方式为卡接式连接,浆条2上设置有燕尾导槽21',王台3上设置有与燕尾导槽21'形状、尺寸相匹配的燕尾导轨31'。

选自中国农业核心期刊《中国蜂业》 2012年第24期

郭业寨

用户感言

注：本文是《中国蜂业》的一个读者针对杂志中介绍我的产品的文章对他的帮助有感而发。

《中国蜂业》帮了我大忙

我是贵刊一名忠实读者，订阅贵刊已有几年了，对于贵刊的选稿风格和编辑风格我都十分喜欢。现在市面上的杂志品种繁多，但是像贵刊这样的对蜂业如此专业且耐读的真的很少。因此，当每期《中国蜂业》来了后，我总是从头到尾地看，有的文章还反复看，真是受益匪浅。通过订阅《中国蜂业》杂志，我不仅学到了很多养蜂技术，还非常及时地掌握行业内资讯和动态。

我是一名养蜂员，常年在外转地饲养蜂群。虽然自己养蜂，但每年也都会因各种原因要再购买一些蜂产品，怎么办呢？好在我订阅的《中国蜂业》帮了我大忙，她不但帮助我养好蜂，而且帮助我选购好的蜂产品。

的确，《中国蜂业》上有不少家蜂产品广告，但我一直选用郭业寨的产品，因为我相信郭业寨蜜蜂园是在用诚信打造品牌，靠质量赢得市场,在市场营销中一贯坚持"质量第一、服务至上"的宗旨。

记得有一次,我购买了郭业寨蜂胶,当我收到郭业寨蜜蜂园用邮政快递发来的货时,一看包裹几乎完好,就连忙签了自己的名字,拿回来后,打开才发现,有一袋一斤装的蜂胶软胶囊被损坏了一小半,于是在帐篷里我立即用手机拨打了郭业寨蜜蜂园的全国免费购物电话,对方销售部问我:"你收到的包裹外边有没有损坏?你签字了吗?"我回答道:"外边没有损坏,我已经签过字了。"郭业寨销售部负责人分析说:"那包裹多半是上下转运途中,邮局搬运工不小心所致,但你已签过自己的名字,不好去找邮政快递了。那我园给你补上损失的蜂胶软胶囊吧。"我听后非常高兴,随后再仔细看原来的包裹,果然,有一个拐角处留下投递挤压的痕迹,而那袋损坏的蜂胶软胶囊就是放在那拐角处。

很快我就收到郭业寨蜜蜂园用特快专递寄来的上次损失掉的等量蜂胶软胶囊,这让我心里很是感激,从那以后我更加信任郭业寨蜂产品,他们的产品不仅质量好,服务也好,从此以后我一直从他们那儿订购了。

前段时间,我听说郭业寨蜜蜂园推出用发明专利王台王浆生产器生产的王台王浆,我也购买了,的确,它天然、活性,让鲜王浆的保健效果得以充分体现,我身边服用过的人都反映非常好,这是一种不可多得的专利好产品。

选自中国农业科学院蜜蜂研究所、中国养蜂学会主办的
中国农业核心期刊《中国蜂业》 2012 年第 28 期
（河北抚宁县 谢立平）

后　记

那年，我高考名落孙山，回到家乡，很是沮丧。之后，我通过刻苦自学，终于考入一家校办企业。

进厂后，我努力学习，踏实工作，平时省吃俭用，节余一些钱，生活开始好转时，我却不幸患上了慢性前列腺炎，我只好离开工厂，再次回到家乡。

作者郭业寨和小女儿在蜂场

有一天，养蜂的舅舅到我家，对我说：家乡这两年发生了很大的变化，油菜种植面积空前扩大，这对养蜂来说是件大好事。舅舅还对我说，蜜蜂是一宝，蜜蜂产品对人体有独特的保健作用，如蜂花粉、王浆可辅助治疗我的病。国内外利用蜂花粉研制生产的前列康

片、前列腺维他、西尔尼通片等药物，都是治疗前列腺类疾病的理想药物。而王浆被科学家指定为世界唯一可供人类服用的纯天然胎儿级食品，对人类有极强的营养保健功能和医疗作用。舅舅特意带来了蜂花粉和王浆给我服用。吃了一段时间后，我的体质明显好了起来。我感谢舅舅，感谢蜜蜂。在舅舅的引导下，我学起了养蜂。

记得学养蜂的第一天，我就不小心被蜜蜂螫了，揪心地痛。舅舅告诉我说："蜜蜂轻易不螫人，你不小心压着了它，它以为你要伤害它，才螫你。"这时，舅舅看我害怕蜜蜂，便鼓励我："干什么事都要有毅力，没有苦哪来甜呢？！"我点了点头。随后，我决心做出能吃苦的样子，给舅舅看。哪知小蜜蜂还是不听我的使唤，提脾抖蜂时，蜜蜂又螫了我一下，痛得我眼泪都掉下来。于是，舅舅就安排我在旁边看，只见蜜蜂好像听话的小孩子一样，听从舅舅的指挥。原来，舅舅提脾抖蜂动作稳、速度快，蜜蜂根本没感觉到舅舅要"管理"它们，它们在箱里外井然有序地工作，让我油然地钦佩起舅舅来。

就这样，舅舅传授给了我许多养蜂技术，同时我还购买了一些书籍，如赵宗礼的《养蜂技术指导》、杨多福的《数控养蜂法》和塔兰诺夫的《蜂群生物学》等，理论和实践结合，不到两年时间，我就掌握了养蜂专业技术，并建起了自己的蜜蜂园。

那年春季蜜蜂繁殖开始前，由于我家经济困难，盖房借了几千元的外债，几十箱蜜蜂因没钱买饲料而面临危机。无意中我在《蜜蜂杂志》上看到一则消息说，浙江桐庐县有文件规定：每发展一群

蜜蜂可为蜂农解决一百元贷款……这使我受到了启发。但我与金融部门从未打过交道，更没贷过一分钱的款，强烈的致富愿望促使我不能眼睁睁看着蜜蜂被饿死，于是我便给盱眙县委书记王友富写了一封信，详细谈了自己的处境和想法。没想到王书记对此信特别重视，并作了批示给县委副书记黄克清，副书记又将此信转批给县信用联社，并批示"请专门予以帮助，结果反馈"；随后，信用联社的同志和村组干部到我家座谈，在没有任何信贷证明和担保的情况下，信用社按照小额贷款的规定，及时为我办理了4000元的贷款，解决了我的燃眉之急。拿到贷款后，我迅速买来了白砂糖和蜂用花粉，使得蜜蜂春繁饲料有了着落。那一年仅油菜花期，我获得了每群61千克蜜的好收成，王浆也获得了大丰收。饮水思源，我非常感谢家乡政府的关怀。

我的家乡是山区，家乡玉皇山养蜂条件较优越。春天，麦苗青青，油菜花黄，田野上有一个个繁忙的蜂场。和暖的春风，明媚的太阳，阵阵扑鼻的油菜花香，一只只小蜜蜂，唱着歌儿，采粉采蜜忙。

初夏，家乡的山坡上，刺槐花白茫茫，花儿挂满枝头，小蜜蜂飞过来，争先恐后采蜜忙。村里的男女老少在刺槐树下，微风吹来，花香沁人心脾，整个家乡都沉浸在甜美的花香里。

秋季，家乡的芝麻花开起来了，我们养蜂人的生活也像芝麻开花——节节高一样；益母草花盛开时，收获益母草蜜（巢蜜）和王浆（王台王浆），我们家乡的养蜂人笑得更开心。

我从养蜂时，就开始记日记，从天气变化、养蜂心得等方面着

手，写成的笔记有成功的经验和失败的教训，写成的数十篇论文陆续发表在国家级养蜂刊物、报纸上，深受读者的好评。

我在养蜂时，吃蜂产品就更方便了，从此我养成了坚持服用蜂产品的好习惯，不知不觉中，我的慢性前列腺炎痊愈了。不久，我和爱人结了婚，婚后有了自己的孩子。

我是一个平凡的人，曾经经历高考失败与病痛折磨，我深深懂得眼前的美好生活是多么的来之不易。当我和爱人谈起我与蜜蜂的故事时，我不无感慨：多亏舅舅当初的教诲；多亏家乡政府的支持；感谢家乡丰富的养蜂资源；感谢蜜蜂与蜂产品。走蜂业之路，在家乡发展，我是走对了。

在这里，我还应感谢《蜜蜂杂志》社副社长、主编吴银松先生，他在我平时投稿以及出版这本书的过程中，都给了我很大的帮助。在我困难时，他的鼓励让我看到了希望，让我重新扬起了生活的风帆，他是我真正的良师益友。另外，还有长期支持我的广大蜂友、蜂产品消费者，我也一并致谢！

是的，一分耕耘，一分收获。2007 年 7 月 5 日，《中国食品质量报》专题报道了《郭业寨蜂产品，靠质量赢得市场》。2012 年年初，由郭业寨蜜蜂园牵头，把家乡几百户蜂场联合起来，总投资数百万元的盱眙日升养蜂专业合作社创建而成，该合作社被《中国蜂业》杂志社誉为"优秀合作社"，盱眙日升养蜂专业合作社是中国蜂产品协会理事单位，被淮安市科技局评为"科技型农民专业合作社"。2014 年 8 月 17 日，《现代快报》专题报道了《与时俱进的盱

眙日升养蜂专业合作社》。2014 年年底，我们成立了淮安郭业寨王台王浆有限公司。面对未来，我们积极进取、创新发展。让我们携起手来，共同致富，共创明天的辉煌。

郭业寨

2015 年 8 月

作者联系方式：淮安郭业寨王台王浆有限公司

电话：4006-097-188

手机 / 微信：15380606789

网址：www.gyzwtwj.com